유튜브보다 더 재미있는 과학 시리즈02 :
어린이 과학 놀이터

全家一起玩
科學實驗遊戲 02

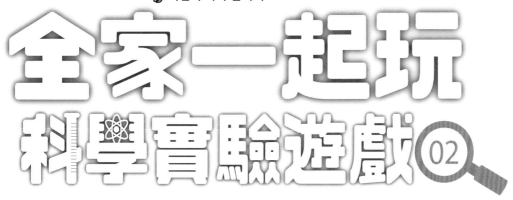

50 個不花錢的兒童科學遊戲提案

☆ 作者 **韓知慧** 한지혜 · **孔先明** 공선명
趙昇珍 조승진 · **柳潤煥** 류윤환

☆ 譯者 **賴毓棻**

幫助孩子探索對科學的渴望

　　科學離我們的日常生活很近，不管是大事還是小事，它都佔據了我們生活中許多不可或缺的部分。然而，在這個處處皆科學的世界裡，還是有很多人覺得被它難倒。

　　孩子們光想到自然、生物、化學、物理等科目就感到「壓力山大」。使用各種實驗器材來上課對他們來說也是如此，只要一開始解說起教科書中出現的概念和原理，通常就會有一半左右的人關上耳朵了！

　　接下來換成家長的立場來看看。這和國語或數學不同，光是要教導孩子「科學」相關科目，就不是件容易的事情。為了替孩子講解書中的概念而親自準備道具做實驗，想要在現實生活中落實這個做法其實非常困難。但若只是以解題的方式來解說課本上的概念和原理，說不定又會招致反效果。

　　學生基於各種不同的原因開始遠離科學，而父母則是把科學教育完全交付給學校和補習班。這麼一來，孩子在家裡不就學不到科學了嗎？難道他們必須只能在外面學習科學嗎？現在就讓《全家一起玩科學實驗遊戲》來告訴你答案。

　　孩子會對有趣的事物感到興趣，到目前為止，智慧型手機和Youtube對他們來說是最有趣的。智慧型手機不但佔據了孩子們的手和眼睛，更是虜獲了他們的精神和心靈。雖然情況會依地區而有所不同，但快的地方在小學一年級時可能除了班上2～3個孩子外，其他全都持有智慧型手機。根據韓國國家統計入口網站的統計數據，小學生每天平均使用智慧型手機的時間超過三個小時以上。全體青少年使用智慧型手機的比例佔大約80%，出現過度依賴智慧型手機危險群症狀的比例大約佔了30%。即使如此，我們也不須一味的限制孩子使用手機或收看Youtube，而是要以更有趣的東西來吸引住他們的視線。請想想看，有什麼東西比手機和Youtube還更有趣呢？

現在就邀請各位進入科學的遊戲區！只要跟著我們一起，就算在家中也能處處見到科學，這真的非常有趣。本書可以幫助學生和家長輕鬆踏出邁向科學的步伐，並降低了科學這道高牆。從現在開始，各位只要抱持使用這本書開心玩耍的態度就行了，請試著與科學一起同樂吧！一旦沉迷其中，孩子就連吃飯的時間也會忘得一乾二淨。我就是抱持著希望孩子能夠沉浸於科學遊戲中的期待才寫了這本書。

這個科學遊樂園裡的遊樂設施都是以日常生活中能夠輕易取得的材料完成，同時也涵蓋了物理、化學、生物和地球科學等多樣領域，並收錄與國小課程內容相關的50種科學遊戲，讓孩子在玩樂之餘也能輕鬆學習。開心的科學遊戲結束後，陪伴者還能透過簡單的提問，讓孩子學習課本中的科學概念是如何與書中的遊戲結合。

在開始面臨到「科學」這個科目前，可以先讓幼兒園及低年級的學生當成簡單有趣的科學遊戲來接觸科學；3、4年級的學生除了進行課本上的實驗，也能透過進行各種遊戲來對於剛開始學的科學產生興趣；而5、6年級的學生則可以在各個遊戲中親眼確認科學概念和原理是如何運用，並深入學習科學這個科目，甚至還可更進一步用自己的方法來玩各種遊戲。當然，我指的是玩《全家一起玩科學實驗遊戲》的趣味遊樂設施。

「誰也不能教別人一些什麼，只能幫助他從自己的內心發現。」

這是哥白尼曾說過的話，現在是個玩樂的時代，寓教於樂正是現在學習的潮流，而邊玩邊學也成為了教育的方法之一。不要勉強教孩子科學，而是要透過遊戲幫助他們發現自己想要學習的欲望。

韓知慧

 **目錄**

Part 1
用竹筷 玩科學

Part 2
用冰塊 玩科學

Part 3
用水 玩科學

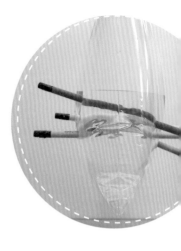

Part 4
用杯子 玩科學

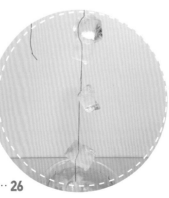

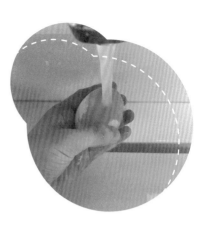

成為小小科學創客學習進度表

1st 做得好！闖關成功！	2nd	3rd	4th	5th
6th	7th	8th	9th	10th
11th	12th	13th	14th	15th
16th	17th	18th	19th	20th
21th	22th	23th	24th	25th
26th	27th	28th	29th	30th
31th	32th	33th	34th	35th
36th	37th	38th	39th	40th
41th	42th	43th	44th	45th
46th	47th	48th	49th	50th 我要成為科學創客！

科學遊戲闖關指南

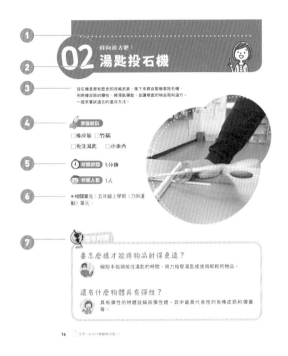

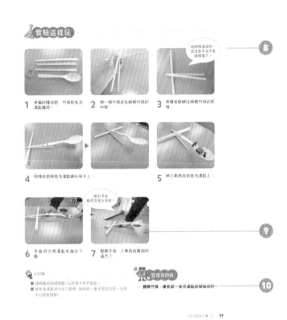

① 遊戲副標題：遊戲可愛的暱稱。

② 遊戲標題：遊戲的名稱。

③ 遊戲說明：用簡短的1、2句話說明遊戲象徵的科學概念。如果能和孩子一起大聲朗讀之後再進行遊戲就更棒了。

④ 準備材料：這些都是我們身邊可以輕易取得的物品，可以由父母準備或請小孩自行準備。

⑤ 所需時間、所需人數：所需時間僅供參考，實際需要的時間有可能更長或更短。所需人數也請自行依照實際情況調整。

⑥ 相關單元：根據108課綱介紹國小自然科學科目與遊戲相關的單元。遊戲進行時，可在一旁擺上課本，一邊進行遊戲一邊翻看，順便預習或複習上課內容。

⑦ 思考時間：可以先由家長看過，在遊戲結束之後向孩子提問，接著再以孩子能夠理解的語言替他們說明。這樣書中介紹的活動不僅止於有趣的遊戲，更可以擴展孩子對科學的好奇心。

⑧ 實驗這樣玩：這裡有配合遊戲順序的照片和說明，請試著放手讓孩子循序漸進的主導整個遊戲，父母在一旁引導就好。不一定要照著書上的順序進行，就算沒有成功也沒關係，因為最重要的並不是結果，而是整個過程。只要能以「你覺得怎麼樣？」、「為什麼會出現這種結果？」等提問來啟發孩子思考，這項科學遊戲就成功了。

⑨ 小叮嚀：讓遊戲進行得更加順暢的小訣竅。

⑩ 整理及回收：每項物品的整理及回收方法都不一樣。請確實落實善後工作，當一個關心地球和環境的兒童。

親子共玩安全守則
一定要請大人幫忙！

1 用錐子在瓶蓋上鑽洞時一定要請大人幫忙！
因為必須要很大力的使用尖銳物品，這時可能會造成危險。

2 玩水的時候一定要請大人幫忙！
水潑到地板時會很滑，有可能會不小心因此滑倒。

3 要使用鋒利的剪刀時一定要請大人幫忙！
可以使用兒童安全剪刀，如果使用一般剪刀，就要加倍注意。

4 在彎曲或夾迴紋針時一定要請大人幫忙！
迴紋針是鐵製物品，非常堅硬，不會輕易改變形狀，需要用到非常大的力氣。

5 在幫氣球打氣時一定要請大人幫忙！
使用充氣筒打氣時，不小心氣球就會爆炸，可能造成耳朵疼痛。

6 利用人體進行遊戲時一定要請大人幫忙！
在玩到忘我時，很可能會不小心就遭遇危險瞬間。

7 遊戲全部結束後的整理時間，請在大人的協助之下由孩子主導收拾！

8 一定要參考各項遊戲下方列出的規則！

科學玩家推薦
聽聽看，媽媽們怎麼說？

　　用這本書玩科學的過程可說是各取所需。孩子們認為這是在玩，我認為是在學習，能夠滿足所有人的需求真是太好了！雖然三個孩子的年齡都不一樣，但即使是進行相同的遊戲，從老大到老三都能依照各自不同的深度理解，一開始的遊戲是由我主導，到現在看著老大帶著弟妹遊玩，讓我感到欣慰不已。最近我只需要幫忙準備一些簡單的材料就好，而且這些材料都是能從家中輕易取得，又不複雜，所以非常方便。

三寶媽（5歲、6歲、3年級）

　　到目前為止都是由我親自指導孩子的學習。雖然國語、數學這些科目我都能教得很好，但說到科學可就差強人意。在這個過程中，讓我在本書中找到許多充滿創意又有趣，並可以親自指導孩子科學的方法，真是太感謝了。孩子在第一次遇到「科學」這個科目前就已經先接觸過本書，因此得以懷抱對於科學的興趣升上三年級，這點讓我感到非常滿足。我想即使是老師在課堂中使用這本書為孩子授課，也能達到水準相當高的教學品質。

擔任國小老師的媽媽（2年級）

　　在養育一對兄弟的過程中，一定會要求他們不要做危險的事情。可是現在竟然能用我曾經說過危險的材料來玩遊戲，讓他們感到十分新奇。因為我家孩子比較散漫，所以之前一直都要求他們乖乖坐好寫習作評量，從沒想過可以在玩樂中學習，真是讓我大開眼界。進行書中各種科學遊戲，讓玩樂不只是消磨時間，真可說是寓教於樂。

一對小學兄弟的媽（1年級、5年級）

Part 1
用竹筷
玩科學

01 晒衣夾手槍

瞄準標靶發射！

壓一下晒衣夾開關，讓手槍發射！
利用被晒衣夾夾住的橡皮筋和子彈來射中目標物。

 準備材料

☐竹筷 ☐晒衣夾

☐橡皮筋 ☐膠帶

 所需時間 5分鐘

 所需人數 1人

● **相關單元**：五年級上學期
〈力與運動〉單元。

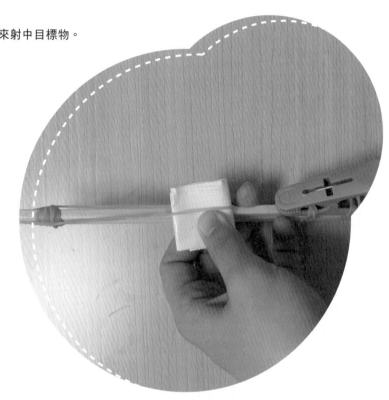

思考時間

晒衣夾手槍裡面藏有什麼科學原理？

晒衣夾手槍裡藏有與「彈力」相關的科學原理。只要用手指用力將橡皮筋拉長並以晒衣夾固定後，橡皮筋就會使力想要變回原貌。若按開晒衣夾，去除外來力量後，橡皮筋的長度就會縮回原本短短的樣子，這時和橡皮筋放在一起的子彈就會向前射出。

實驗這樣玩

1 準備好竹筷、晒衣夾、橡皮筋和膠帶備用。

> 在綁橡皮筋時，請注意手指不要被彈傷了。

2 將橡皮筋綁在筷子的前端。

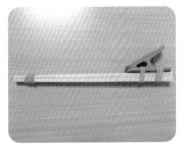

3 如圖，用橡皮筋，將晒衣夾綁在筷子的尾端。

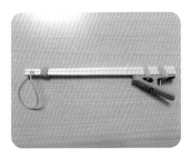

4 將新的一條橡皮筋，卡在竹筷前端的縫隙中。

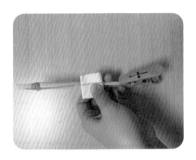

5 將子彈（能被夾子夾住的小物品）放在前端橡皮筋中間，並一起往後拉。

6 再使用晒衣夾夾住橡皮筋和子彈。

7 將晒衣架按開，發射！

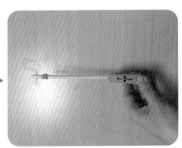

小叮嚀

■ 子彈可以選擇紙屑、小橡皮擦等，能被晒衣夾夾住的物品來當作子彈。

■ 玩具槍一樣有危險性，請勿對著人射擊。

整理及回收

· **請將用好的晒衣夾歸位。**

· **竹筷無法回收利用，因此請丟入一般垃圾分類中。**

02 飛向遠方吧！
湯匙投石機

投石機是很有歷史的攻城武器，接下來將自製簡易投石機，
利用橡皮筋的彈性，將湯匙彈起，並讓裡面的物品飛向遠方。
一起來嘗試遠古的進攻方法！

準備材料

□ 橡皮筋　□ 竹筷

□ 免洗湯匙　　□ 小東西

 所需時間 5分鐘

 所需人數 1人

● 相關單元：五年級上學期
〈力與運動〉單元。

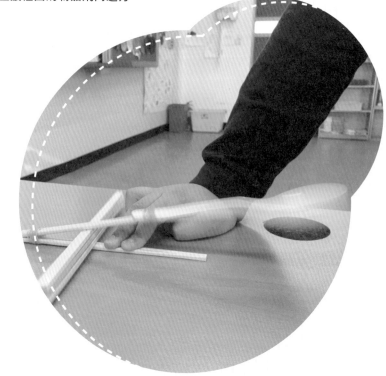

 思考時間

要怎麼樣才能將物品射得更遠？

縮短手指頭按住湯匙的時間、用力按壓湯匙或使用較輕的物品。

還有什麼物體具有彈性？

具有彈性的物體就稱為「彈性體」，其中最具代表性的彈性體有橡皮
筋和彈簧等。

1 準備好橡皮筋、竹筷和免洗湯匙備用。

2 將一根竹筷夾在兩根竹筷的中間。

> 在綁橡皮筋時，請注意手指不要被彈傷了。

3 使用橡皮筋綁住兩根竹筷的前端。

4 用橡皮筋將免洗湯匙綁在筷子上。

5 將小東西放到免洗湯匙上。

6 手指用力將湯匙的末端下壓。

> 絕對不能瞄準其他人發射！

7 鬆開手指，小東西就會拋向遠方了。

💡 小叮嚀

■ 請將橡皮筋繞兩圈，以將筷子牢牢固定。
■ 將免洗湯匙用力往下壓時，請用另一隻手固定住另一支筷子以避免移動。

整理及回收

・ 請將竹筷、橡皮筋、免洗湯匙拆解後收好。

使用竹筷做出一把可以發射橡皮筋的手槍，
試試看能不能射中物品。

準備材料

□竹筷　□橡皮筋

⏱ 所需時間　10分鐘

😀 所需人數　1人

●相關單元：五年級上學期
〈力與運動〉單元。

🌐 思考時間

竹筷槍發射的原理是什麼？

竹筷槍發射的原理是依靠彈性，而彈性最具代表性的材料就是橡皮
筋。我們先在竹筷槍上拉長橡皮筋後固定好，這時橡皮筋會使力的想
要回到原本的樣子。除掉固定的力量時，橡皮筋就會往前彈射，而射
出的橡皮筋就能打倒其他物體或發出聲音。

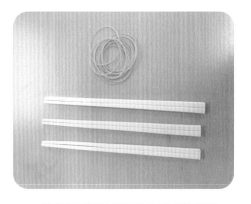

1 準備好三雙竹筷和數條橡皮筋備用。

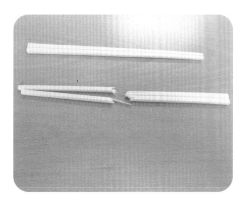

2 小心的將其中一雙筷子從中間折斷。

3 用膠帶將尖銳的竹筷切口包住以避免受傷。

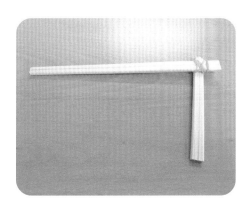

4 用橡皮筋將第二雙竹筷和被折斷的短筷固定成圖中的樣子。固定時可使用多條橡皮筋盡可能做出直角來。

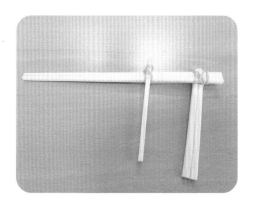

5 如圖，取出一根短筷，用橡皮筋固定，做出板機的樣子。

 小叮嚀

■ 用2條橡皮筋固定，就能做出更加堅固的竹筷槍。

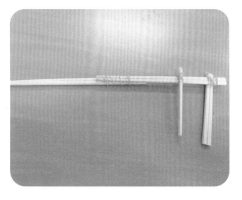

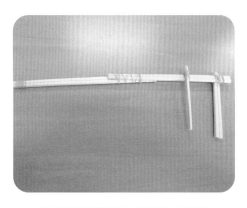

6 將第三雙長筷與槍管的最前端，用橡皮筋固定，加長槍管。

7 拿出橡皮筋纏繞在槍管的最前端。

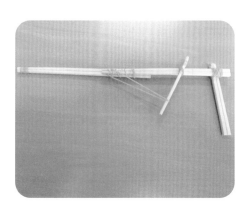

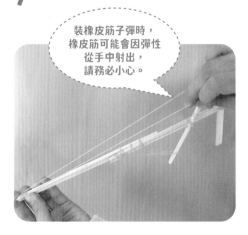

> 裝橡皮筋子彈時，橡皮筋可能會因彈性從手中射出，請務必小心。

8 用橡皮筋卡在長筷重疊部分的中間，並綁住板機的底部。

9 安裝子彈。將橡皮筋一端勾在槍管前端，並往後拉到板機上方。

> 橡皮筋竹筷槍的力道比想像中還大，絕對不能用來瞄準人。

💡 **小叮嚀**

■ 在筷子張開或鬆動的地方再加上多的橡皮筋綑綁，就能做出更強勁的槍。

🤖 整理及回收

· **請將竹筷和橡皮筋拆解後重複使用。**

10 可以進行發射子彈將物體打倒的遊戲了。

我的科學筆記 ·

☆ **最喜歡的實驗是哪一個？**

_____

_____

☆ **為什麼會喜歡這個實驗？**

_____

_____

☆ **這個實驗的原理是什麼？**

_____

_____

☆ **其他心得**

_____

_____

_____

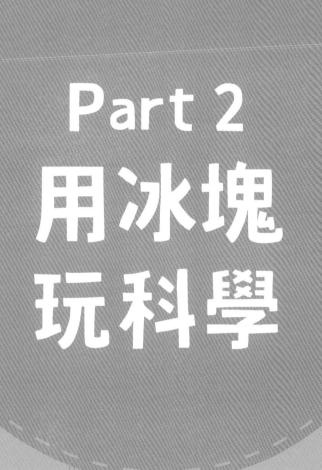

Part 2
用冰塊
玩科學

04 釣冰塊

來釣一條大魚吧！

只要在冰塊上撒鹽，冰點溫度就會下降。
試著用鹽和棉線將冰塊釣起！

準備材料

□冰塊　□碗　□棉線
□水　　□鹽

所需時間　5分鐘

所需人數　1人

●相關單元：三年級下學期
〈千變萬化的水〉單元。

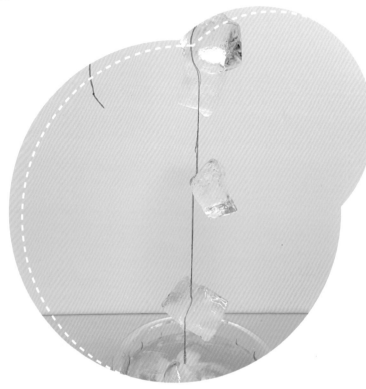

思考時間

在冰塊上撒鹽會出現什麼變化？

液態水在0°C時會變成固態的冰，被稱為冰點。但加上鹽，水就得等到更低溫才能結冰。因此如果在冰上撒鹽，冰塊就會因還沒達到冰點溫度而略微融化。

棉線是怎麼將冰塊釣起來的呢？

加上鹽後，水會以低於0°C的溫度結冰，但是周遭的溫度仍然很低，所以會馬上結冰。棉線就是趁著這個空檔和冰塊合為一體，因此才能用棉線將冰塊釣起。

1 準備好冰塊、碗、棉線、水和鹽備用。

線太粗的話，也很難將冰塊釣起來喔！

2 如果棉線太細，就將三股棉線合成一股，並將尾端打結綁好。

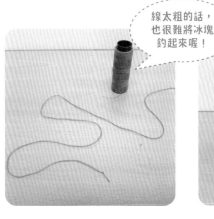

3 在碗裡裝入半滿的水。

4 再將幾顆冰塊放入裝有水的碗中。

5 用棉線觸碰冰塊，確認是否能將冰塊釣起。

6 用手捏一點鹽，並均勻的撒在冰塊上。

7 將棉線泡入水中在冰塊上繞一繞，再等候大約2分鐘的時間。

8 慢慢拉起棉線，看看能釣起幾顆冰塊吧！

💡 小叮嚀

■ 請將鹽均勻的撒在要釣起的冰塊上。

■ 比比看誰能一次釣起最多冰塊也很有趣。

🔋 **整理及回收**

· **請將融化的冰塊倒入排水孔丟棄。**

05 層層疊起～ 冰塊疊疊樂

水在低溫之下會變成冰塊，
在遊戲中我們僅用水和冰塊疊成高塔。

 準備材料

□盤子　□冰塊
□水

 所需時間　10分鐘

 所需人數　1人

●相關單元：三年級下學期
〈千變萬化的水〉單元。

 思考時間

水和冰有什麼不同？

水和冰是相同的物質，水是液態，冰塊是固態。

冰塊疊疊樂的原理是什麼？

已知當水的溫度低於0℃時，就會變成固態的冰。若在冰塊上灑水，水會因為冰塊的低溫而變成冰，在水結冰之前將其它冰塊放上去，便會在相連的狀態下結冰，液態水就扮演了黏著劑的作用。

實驗這樣玩

1 準備盤子、冰塊和水備用。

2 將一塊冰塊放到盤子上。

> 如果塗上太多水，就會難以結冰。

3 用指尖稍微沾一點水，塗抹在冰塊的表面上。

> 如果下面的冰塊還沒黏合，就放上新冰塊，冰塊塔會很容易倒塌。

4 在抹上足夠的水之後，疊上另一塊冰塊。

5 等水結冰之後，將水塗在最上層的冰塊，接著再疊上一塊冰塊。

6 重複相同步驟，將冰塊堆疊成一座高塔。

小叮嚀

- 可以和朋友比比看誰的冰塊塔比較高。
- 可以將冰塊黏在自己想要的地方，做成造型冰雕！

整理及回收

- 遊戲結束之後，請用抹布將周圍的水擦乾。

06 瞬間結凍的冰沙

如果在冰塊上撒鹽，冰點就會降低，
請不要使用冰箱，而試著利用冰塊和鹽做出冰沙飲品。

 準備材料

☐桶子　☐冰塊　☐小塑膠袋

☐飲料　☐杯子　☐鹽

☐毛巾

 所需時間 40分鐘

 所需人數 1人

●相關單元：三年級下學期
〈千變萬化的水〉單元。

 思考時間

要準備什麼才能讓飲料在不用冰箱的情況結冰？

需要準備鹽。

為什麼只要一搖晃原本沒有結冰的飲料，就會瞬間結凍成白色呢？

純水的冰點為0°C，但如果在純水中混入了其它物質，就要更低溫才會結冰。如果在冰塊裡加鹽，溫度會降至-21°C，鹽和冰的混合物會吸收旁邊所有飲料的熱度，原本是液態的飲料也因為這種冰點原理變成了固體的冰沙。

1 準備好桶子、冰塊、小塑膠袋、飲料、杯子、鹽和毛巾備用。

2 將桶子裡裝滿冰塊,並於撒鹽之後攪拌均勻。

3 將飲料倒入塑膠袋中綁好。

> 冰塊必須完全蓋住飲料塑膠袋,還要將鹽和冰塊攪拌均勻,讓鹽平均沾附到冰塊表面。

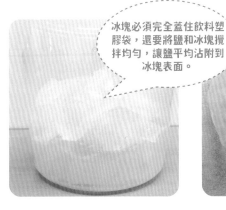

4 將裝有飲料的塑膠袋放入有加鹽的冰桶中,並用冰塊蓋住。

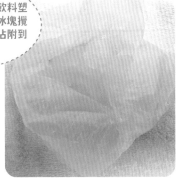

5 等待20分鐘,先搖晃一下桶子,接著取出塑膠袋,用毛巾抓住塑膠袋後再打開,可以發現飲料變冰沙了!

6 將冰沙倒入杯中享用。
小叮嚀

 小叮嚀

■ 如果塑膠袋不好綁,也可使用夾鏈袋代替。
■ 若等待時用蓋子將桶子蓋上密封,效果會更好。

🧹 整理及回收

· **請收集用過的塑膠袋並丟入資源回收分類。**

07 自製人工雨

淅瀝淅瀝～嘩啦嘩啦～雨下來了！

請試著自己動手造雨！
先將水加熱，再讓它冷卻，並觀察水的狀態變化。

準備材料

☐冷凍庫　☐冰塊　☐鹽

☐手套　☐透明耐熱盆

☐大金屬盆　☐飯匙

☐水壺（熱水）

**所需時間** 90分鐘

**所需人數** 2人

●相關單元：三年級下學期
〈千變萬化的水〉單元。

思考時間

為什麼水會從金屬盆上滴落？

　當水分子充分變暖後就會蒸發成氣體，變成水蒸氣。透明盆裡的水會因為變熱而蒸發到空中，升空時遇到冰冷的金屬時，就會突然變冷而再次變成水，凝聚在金屬盆上，這就叫做凝結。如果凝結的水滴變得太重，就會降落到地面。

為什麼天空會下雨？

　湖泊、大海和江河裡的水氣會蒸發到空中，凝結成雲朵，接著形成雨後再次降落到地面。

1 準備好冷凍庫、冰塊、鹽、手套、塑膠盆、可以蓋住塑膠盆大小的金屬盆、飯匙和水壺（熱水）備用。

2 戴好手套後將金屬盆裡裝滿冰塊。

3 將裝滿冰塊的金屬盆放入冷凍庫冰凍大約1個小時。

4 請在大人協助下用熱水壺燒水，並放置2～3分鐘冷卻。

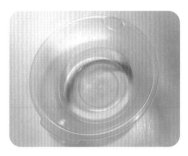

5 在透明耐熱的盆裡，倒入半盆熱水。

6 在熱水中加入2大匙鹽，並攪拌均勻。

> 不只是熱水，太冰的冰塊也會導致手部受傷，因此在使用冰塊、冰過的金屬或熱水時，請務必戴上手套。

7 帶著手套拿金屬盆，並將盆子固定在距離透明盆大約一個手掌的高度。

8 觀察金屬盆底部，是否有類似下雨的現象。

💡 小叮嚀

■ 請用湯匙接住從金屬盆落下的雨滴，並嚐嚐看味道。

■ 請在冰塊中混入鹽巴後，試著進行相同的遊戲。

🔧 整理及回收

· 請將金屬盆和透明盆洗淨後晾乾。

· 等用完的冰塊和水溶化後，請倒入洗臉台丟棄。

Part 3
用水
玩科學

08 不會漏水的夾鏈袋

就算千瘡百孔也沒問題！

試著做出絕不會漏水的袋子。
我們會將夾鏈袋裝水再用尖銳的物品刺穿後，確認是否會漏水。

準備材料

□夾鏈袋　　　□水

□削尖的鉛筆3～4枝

所需時間　10分鐘

所需人數　2人

● 相關單元：四年級下學期
〈認識物質〉單元。

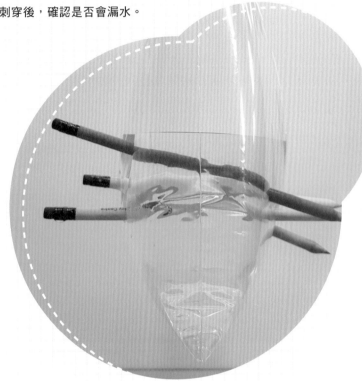

思考時間

為什麼就算刺穿了夾鏈袋也不會漏水？

夾鏈袋是由一種分子鏈又長又容易彎曲，名為低密度聚乙烯的物質構成。這是塑膠的一種，特徵是非常柔軟。在使用鋒利的物品刺穿時，由於塑膠分子會變長而且非常柔軟，所以會和鉛筆邊產生摩擦而防止漏水，因此可以在尖銳物的周圍發揮抵擋作用，讓水不會滲出。

為什麼就算用尖銳的鉛筆在塑膠袋上穿洞也不會漏水？

因為塑膠袋也是由一種分子鏈又長又容易彎曲，名為低密度聚乙烯的物質構成。

小叮嚀

■ 在穿洞時，為避免將洞口穿得比鉛筆直徑還大，請慢慢穿洞。

■ 還可以使用針或竹籤等道具來進行遊戲。

1 準備好夾鏈袋、3～4枝削尖的鉛筆備用。

在使用尖銳物品時，請小心不要受傷。

如果鉛筆削得不夠尖，實驗就無法順利進行。

2 將水裝至夾鏈袋約2／3處，並請朋友拿著夾鏈袋。

3 用鉛筆將夾鏈袋刺穿。

小叮嚀

■ 替夾鏈袋裝水時，為了方便確認是否漏水，請先用抹布將表面擦乾後再進行本遊戲。

■ 在經過充分練習後，也可以試著放在朋友頭上進行這項遊戲，如果一滴水都沒漏就成功了！

■ 可以試著用其它厚塑膠袋取代夾鏈袋進行實驗。

整理及回收

· 請將穿洞後的夾鏈袋丟到一般垃圾分類。

· 請將塑膠袋丟到資源回收分類。

4 將3～4枝鉛筆全部插到夾鏈袋上，並確認是否漏水。

誰會上升？誰會下降呢？

水中煙霧

你知道水會根據溫度移動嗎？
利用實驗來親眼確認熱水上升、冷水下降的特性。

準備材料

☐ **玻璃罐**　☐ **熱水**

☐ **冷水**　　☐ **水彩**

☐ **大透明水缸**

🕐 **所需時間** 60分鐘

😊 **所需人數** 2人

● **相關單元**：三年級下學期
〈水的移動〉單元。

思考時間

當冷水和熱水相遇時，會發生什麼事？

冷水會下降，熱水則會上升。

為什麼水會移動？

這是因為水溫使水的密度產生不同。密度指的是每個單位面積的質量。如果溫度升高，水分子就會變得活躍而更加遠離彼此，因此在同一個空間裡的水分子束就會減少，密度也會降低。反之，冷水和熱水相比密度較高，所以造成熱水上升、冷水下降的現象。

1 準備好玻璃罐、熱水、冷水、水彩和1個大型透明水缸備用。

請在大人協助之下進行，以避免被熱水燙傷。

2 將水彩加入熱水中染色。

小叮嚀

■ 過了1小時之後，再次確認水的變化。

■ 可以試著用好幾種不同水溫來實驗看看。

3 將染色後的熱水倒入小玻璃罐中，並鎖上瓶蓋。

4 在透明水缸內裝入冷水。

5 將玻璃罐放入裝滿水的透明水缸底部。

6 將玻璃罐的瓶蓋打開，確認看看水的變化。

整理及回收

· 請將用過的水倒入排水孔丟棄。
· 請將水缸和玻璃瓶洗淨後晾乾。

利用加壓和表面張力來將紙黏在玻璃杯上，
就算翻過來水也不會流出來！

 **準備材料**

☐ 玻璃杯

☐ 紙張　☐ 水

 所需時間 5分鐘

 所需人數 1人

● 相關單元：四年級下學期
〈生活中的力〉單元。

🌐 **思考時間**

紙張是怎麼黏在玻璃杯上而不會掉下來呢？

這和表面張力有關。有兩種力量作用在紙張上。首先是玻璃杯外側，
有將紙向上推的氣壓作用，接著玻璃杯內有水分子相互吸引的表面張
力。因此紙張才不會掉落，而是黏在玻璃杯上。

1 準備好1個玻璃杯、紙和水備用。

2 在玻璃杯中裝入半杯水。

3 將水塗抹在杯緣上。

> 請一邊小心不要讓紙張移動,一邊將杯子翻過來。

> 實驗也可能會失敗,因此請在水倒出來也沒關係的地方進行實驗。

4 將紙放在杯子上,並用力按壓至沒有縫隙。

5 扶好紙張以避免移動,接著小心的將杯子翻過來。

6 將扶紙的手移開。

 小叮嚀

■ 除了紙張之外,也可使用塑膠片或玻璃片來進行實驗。
■ 可以試著改變水量和杯子的形狀來實驗看看。

 整理及回收

· 請將玻璃杯洗淨晾乾後收納。
· 請將紙張丟到資源回收分類。

11 製作指北針

用磁鐵摩擦髮夾，讓髮夾產生磁性後，
再利用磁鐵異極相吸的特性來尋找北方。

 準備材料

☐ 一小塊珍珠板（4cmX4cm）

☐ 髮夾　☐ 水　☐ 塑膠水缸

☐ 磁鐵　☐ 透明膠帶

☐ 地圖　☐ 小貼紙　☐ 剪刀

所需時間 5分鐘

所需人數 1人

● 相關單元：三年級上學期
〈磁鐵與磁力〉單元。

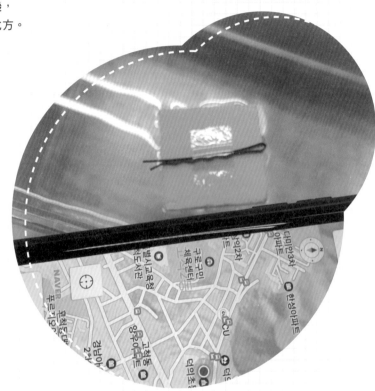

 思考時間

為什麼指北針總是指向同一個地方？

 地球本身就是一塊巨大的磁鐵，無論何時，北方都是S極，南方則是N極。由於S極和N極總是相吸的特性，N極會永遠指向北方，S極則指向南方，而以這種磁鐵特性做出的指北針當然總是指向同一個地方囉！

用磁鐵摩擦髮夾和不摩擦髮夾時會出現什麼不同嗎？

 用磁鐵摩擦髮夾時，髮夾就會暫時帶有磁性。而不用磁鐵摩擦髮夾時，髮夾就不具有磁性。

1 請準備好珍珠板、金屬髮夾、水、塑膠水缸、磁鐵、透明膠帶、地圖、小貼紙和剪刀備用。

2 請將珍珠板裁成4cm×4cm的大小。

💡 小叮嚀

■ 想一想要怎麼使用其它材料做出自己專屬的指北針。

被髮夾的尖銳處刺到可能會受傷，請小心。

3 用磁鐵摩擦髮夾約50下。

4 用透明膠帶將髮夾固定在珍珠板上。

5 在塑膠水缸內裝水。

6 將珍珠板放入裝有水的水缸中，並確認看看髮夾指向的位置。

7 打開家裡附近的地圖找出北方，接著和髮夾指出的方向比較看看。

8 在髮夾指向北方的那端貼上小貼紙，標示出N極。

💡 小叮嚀

■ 試著拿磁鐵接近漂浮在水面上的指北針，確認看看會有什麼變化。

 整理及回收

· 請將玻璃杯洗淨晾乾後收納。
· 請將紙張丟到資源回收分類。

12

為什麼不會溢出去呢？

硬幣上的水珠

試著利用滴管將水珠滴到硬幣上，
盡可能在硬幣上放最多滴水珠。

準備材料

☐ 10元硬幣

☐ 滴管　☐ 水　☐ 面紙

所需時間　5分鐘

所需人數　1人

● 相關單元：四年級下學期
〈生活中的力〉單元。

思考時間

為什麼水不會溢出，而是在硬幣上鼓起呢？

這和表面張力有關。水分子具有互相吸引的力量，這就叫做表面張
力。因為水分子會互相抓住對方，所以即使在小面積的硬幣上繼續滴
水，水也不會溢出，而是鼓起。

硬幣上最多能滴幾滴水？

這會根據使用多少表面張力而有所不同。請個別使用1元、5元、10
元、50元硬幣親自實驗看看。

1 準備好10元硬幣、滴管、水和幾張面紙備用。

2 將面紙平鋪開來，並放上硬幣。

3 將滴管吸滿水。

請輕輕按壓滴管頭，小心將水滴到硬幣上。

4 按壓滴管頭，一次只輕輕滴一滴水到硬幣上。

5 確認一下，最多可以滴幾滴水到硬幣上呢？

小叮嚀

■ 請用不同大小的硬幣玩玩看。
■ 確認一下在裝滿水的玻璃杯上以相同方式滴水，是否也會出現相同現象。

 整理及回收

· 請將用過的面紙丟入一般垃圾分類。
· 請將玩好的硬幣擦乾淨晾乾後重複使用。

13 漂浮在水上的文字～
水中密語

請試著將巧克力上印的文字與巧克力分離，
並觀察文字是否浮在水面上吧！

 準備材料

□碗　□水

□M&M巧克力

 所需時間　10分鐘

所需人數　1人

● 相關單元：三年級上學期
〈溶解〉 單元。

 思考時間

M&M巧克力上的白字為什麼會浮在水面上？

M&M巧克力上的M是用食用紙印上去的。食用紙不會溶於水中，所以
當我們將M&M巧克力放入水中時，巧克力和巧克力外層的彩色糖衣會
溶於水，而不溶於水的食用紙就會脫離並浮在水面上了。

1 準備好碗、水和M&M巧克力備用。

2 將M&M巧克力的M字朝上放入碗中。

3 小心翼翼的將水倒入碗中,讓巧克力泡在水裡一陣子。

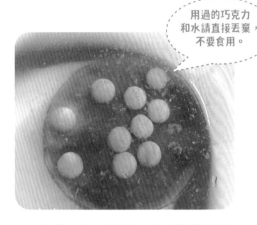

用過的巧克力和水請直接丟棄,不要食用。

4 等待大約10分鐘後,去確認看看巧克力的變化。

小叮嚀

■ 在將水倒入碗中時,請小心不要讓巧克力翻面。

整理及回收

・ 將用過的巧克力和水倒入排水孔丟棄。

全世界絕無僅有的手染花！
變色花朵

利用水透過木質部向植物莖葉擴散的原理將白花染色，
製作只屬於你的花朵吧！

準備材料

☐ 白花　☐ 水彩（2支不同色）

☐ 水　　☐ 燒杯　☐ 美工刀

所需時間 4小時

所需人數 2人

● 相關單元：
三年級上學期〈植物的身體〉 單元、
五年級上學期〈植物世界〉單元。

思考時間

為什麼白色的花瓣會變色？

植物透過根部吸收水分和養分，而這些被根部吸收的水分和養分又會
分別透過維管束中的木質部和韌皮部來運輸。染色的水會透過維管束
中的木質部運輸至花瓣，接著被白色花瓣吸收。而白花瓣會透出水的
顏色，所以花瓣才會變色。

用水彩染色的水是透過什麼管道被輸送到花瓣的？

是透過植物維管束中的木質部輸送的。

請小心使用美工刀，
也可找大人幫忙。

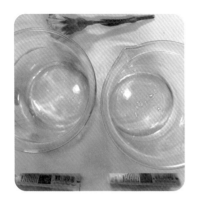

1 準備好白花、水彩、水、燒杯和美工刀備用。

2 在兩個燒杯裡分別倒水，並混入顏色不同的水彩。

3 用美工刀從中間將花莖底端直剖約7公分左右。

4 將剖半後的花莖稍微撥開，並泡入顏色不同的水中。在撥開花莖時，請小心不要將花莖撥斷了。

5 過了4小時後，請去確認看看白色花瓣是否變色。

6 可以觀察到花瓣變成幾種不同的顏色。

💡 小叮嚀

■ 使用百合花、玫瑰花等花瓣較薄的花，會比較容易觀察。

■ 可以將花莖直剖和橫剖後觀察。花莖內部應該有些地方也會變色，那些變色的部分就是負責運輸水分的木質部。

整理及回收

· 請將用過的水倒入排水孔丟棄。

· 請將花丟入一般垃圾分類。

利用在乾燥時常出現的靜電現象，
讓水流路線產生改變。

準備材料

☐塑膠杯　☐錐子

☐梳子　☐水　☐碗

🕐 **所需時間**　**3分鐘**

😊 **所需人數**　**1人**

● 相關單元：四年級下學期
〈生活中的力〉單元。

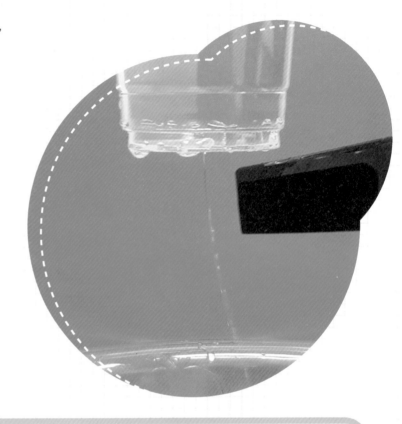

思考時間

為何在乾燥的冬季用梳子梳頭髮，頭髮就會被吸起來呢？

「靜電」顧名思義就是靜止的電，因摩擦而產生。用梳子梳頭髮時會出現摩擦，這時，帶有電性的「電子」就會分別移向頭髮和梳子，而梳子和頭髮帶有不同性質的電性，因此會互相吸引。如果用這支梳子靠近水流，水流就會受到梳子上的靜電影響，水流中的電子偏向一邊，因此出現水流被梳子吸過去的現象。

梳子有辦法吸住其他東西嗎？

只要是像頭髮一樣輕薄的東西就沒問題。

1 準備好塑膠杯、錐子、梳子、水和碗備用。

鑽孔請小心，不要受傷了！

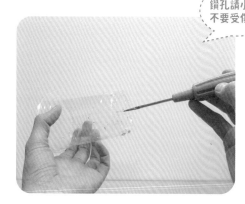

2 用錐子在塑膠杯的底部鑽一個小洞。

必須要梳好幾下頭髮才會產生靜電。如果頭髮是溼的，就不容易產生靜電現象。

3 用梳子仔細的梳幾下頭髮。

4 將水倒入鑽洞的杯子裡，並在下面用碗接住水。

如果水流太粗就不太容易被吸過去。

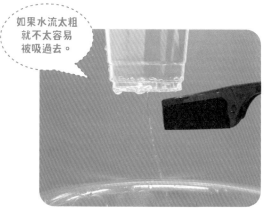

5 將梳子靠近水流，觀察水流被吸過去的現象。

 小叮嚀

■ 如果可以調整水龍頭至流出很細的水流，那可以不用另外使用塑膠杯進行。

■ 請親自實驗並找找看，還有什麼其它東西可以被靜電梳子吸引。

■ 請試著找找看，除了氣球之外還有什麼東西可以代替梳子。

 整理及回收

· 請將用過的塑膠杯丟入資源回收分類。

16

不再單調，變成繽紛多彩了！

單色變多色

利用混合物的移動速度的不同，
試著將各色水性簽字筆墨水中的色素個別分析出來。

 準備材料

☐ 水性簽字筆　☐ 捲筒衛生紙　☐ 水

☐ 紙杯5個　☐ 尺　☐ 剪刀

 所需時間 10分鐘

 所需人數 1人

● 相關單元：五年級上學期
〈水溶液〉單元。

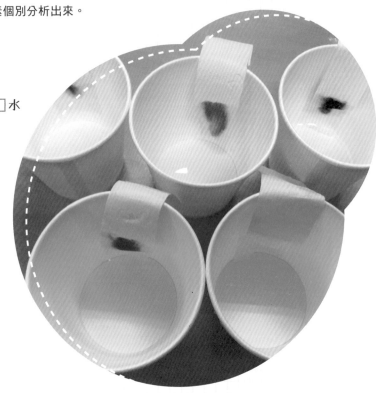

 思考時間

為什麼可以將水性簽字筆中的墨水分離出來呢？

因為混合物的移動速度有所差別。

為什麼黑色簽字筆可以分離成好幾種顏色呢？

這個遊戲和混合物相關。層析法是利用混合物的移動速度差距來將混合物質分離的方法。黑色是將藍色、紅色、黃色等混合在一起才會出現的顏色，而這些顏色的移動速度彼此不同，因此只要沾到水就很容易分離。

1 準備好水性簽字筆、衛生紙、水、5個紙杯、尺和剪刀備用。

2 將一張捲筒衛生紙剪成5條寬約3公分、長約10公分的紙條。

在畫圓時要特別小心，如果畫得太用力衛生紙可能會破掉。

3 在距離紙條末端1公分處畫一個小圓後上色。

4 在紙杯中裝入深度0.5公分的水。

請將圓點置於紙杯中水平面的正上方。

5 將衛生紙條分別泡入紙杯中，深度為0.5公分，注意不要讓彩色圓點碰到水。

6 10分鐘之後，確認圓點的變化及衛生紙上出現的顏色。一天後，當衛生紙上的水分全都乾燥後，即可再次確認紙上的顏色。

 小叮嚀

■ 用多種顏色水性簽字筆進行相同遊戲並確認結果。

■ 用油性簽字筆進行相同遊戲並確認結果。

■ 可將衛生紙乾燥後出現的各種顏色貼在白紙上，做成美勞作品。

整理及回收

· 請將用過的衛生紙和紙杯丟入一般垃圾分類。

· 請將用過的水倒入排水孔丟棄。

17 保護衛生紙

用迴紋針也能夾起物體。
在遊戲中我們會連接多支迴紋針做出夾娃娃機的爪子，並試著夾起物體。

準備材料

☐ 衛生紙　　☐ 杯子　　☐ 水

所需時間 3分鐘

所需人數 1人

● 相關單元：四年級下學期
〈認識物質〉單元。

思考時間

杯子裡的衛生紙不會溼掉的原理是什麼？

這和空氣壓力有關。空氣雖然看不見，但既佔有空間，又有重量，還有按壓周圍的力量（壓力）。將衛生紙放入杯子的底部後，再將杯子倒放入水中，杯子裡的空氣就會將水推開，讓水進不去杯中，所以衛生紙不會溼掉。

如果水位變高會變成怎麼樣？

就算水位變高，衛生紙還是不會變溼。

1 準備好衛生紙和杯子備用。

2 將衛生紙揉成一個小球。

> 冬天用冷水玩時,手可能會覺得太冰,可以用溫水進行遊戲。

3 將衛生紙放入杯子裡的最底部。

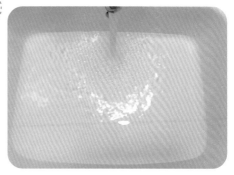

4 在洗手台裝入自來水。

5 將杯子倒過來放在水中。

6 將杯子拿起來,用眼睛和手確認看看衛生紙有沒有被水沾溼。

 小叮嚀

■ 將杯子放入水中時,請垂直放入,這樣才能將旁邊的水推開。

 整理及回收

· **請將衛生紙丟入馬桶或一般垃圾分類。**

18 洗髮精小船

不能風吹、不能手推，該怎麼移動呢？

只要在水面上靜止的小船周圍擠一下洗髮精，
讓小船就會移動吧！

 **準備材料**

☐厚紙板　☐洗髮精　☐油性簽字筆

☐膠帶　☐水　☐剪刀

 所需時間 5分鐘

 所需人數 1人

● 相關單元：四年級下學期
〈生活中的力〉單元。

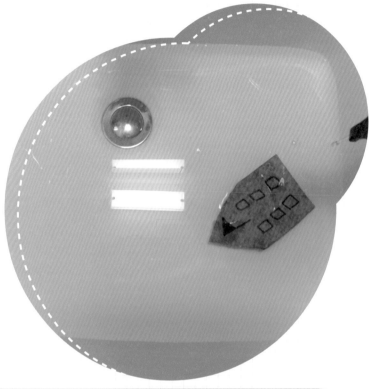

 思考時間

洗髮精小船會動的原理是什麼？

與表面張力有關。表面張力指的是將液體表面積縮小的力量。雖然水的表面張力很強，但混入洗髮精或洗碗精之後，表面張力就會變弱。只要在水面上的小船周圍擠上洗髮精，小船就會受到洗髮精周圍的表面張力影響而移動。

要怎麼做才能讓洗髮精小船向前快速移動？

將小船重量變輕；用膠帶將洗髮精小船包好，以防被水浸溼變重。

1 準備好厚紙板、洗髮精和膠帶備用。

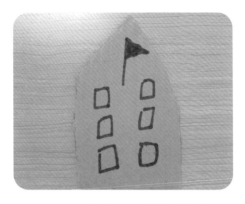

2 在厚紙板上畫出小船的形狀並剪下，再用膠帶將小船包好。

3 在洗手台裝入自來水。

4 讓小船浮在水面上。

5 在四周噴擠或擠一些洗髮精，觀察小船的動向。

 小叮嚀

■ 用膠帶將小船包住就能達到防水效果，可以玩得更久。
■ 請適量使用洗髮精。

 整理及回收

‧ **請將用過的水倒入排水孔丟棄。**

19

砰！砰！爆開的泡泡
多重泡泡

試著利用水和洗碗精，在大泡泡中做出小泡泡，
直到變成好幾層堅固的泡泡。

 準備材料

☐玻璃杯2個　☐洗碗精

☐水　☐湯匙　☐吸管

☐尺　☐剪刀

 所需時間 5分鐘

 所需人數 1人

●相關單元：
四年級下學期〈生活中的力〉單元、
五年級下學期〈水溶液〉單元。

 思考時間

為什將洗碗精和水混合就變成會變大的肥皂泡呢？

這和表面張力有關。混合了洗碗精的水相互牽引的表面張力較弱，而
表面張力變弱的泡泡會趁彼此變得鬆散而變大。

為什麼能不弄破肥皂泡，並將吸管伸入泡中再取出呢？

這和表面張力有關。肥皂水是在水和水之間夾住洗碗精形成薄膜，而
它的水分子互相牽引的力量——表面張力較弱。沾了肥皂水的吸管在
穿過泡泡表面時，吸管上的肥皂水會瞬間變成泡泡表面的一部分，因
此才能在不弄破泡泡的情況之下，將吸管伸入泡泡中再拿出來。

1 準備好2個玻璃杯、洗碗精、水、湯匙、吸管、尺和剪刀備用。

2 在玻璃杯中裝入大約200ml的水。

3 加入5湯匙洗碗精。

4 用湯匙將水和洗碗精攪拌均勻，做成肥皂水。

5 將肥皂水放入冰箱冷藏大約2小時。

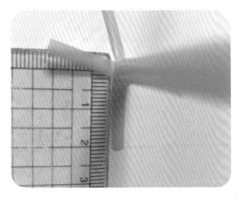

6 將吸管其中一端剪成4瓣，長度為2公分左右。

7 將剪好的4瓣向外折彎。

8 將剩下的玻璃杯底部沾溼後倒過來放。

在將吸管穿過肥皂泡表面之前，請先將吸管充分浸泡於肥皂水中。

9 將準備好的吸管放入冰涼的肥皂水中。

10 用吸管吹出一個大泡泡後，小心的放到玻璃杯底。

11 再次將吸管泡入肥皂水中後拿起。

將吸管插入泡泡和吹出小泡泡時，動作一定要輕柔緩慢。

12 將吸管穿過大肥皂泡的表面厚，試著輕輕在大泡泡中吹出一個小泡泡。

小叮嚀

■ 試著用吸管吹出各種大小的泡泡。
　試著做出好幾層的泡泡。
■ 試著在大泡泡裡吹出兩個小泡泡。

整理及回收

· 房子可能會因肥皂水而變得髒亂，因此請在大人協助之下處理洗碗精和肥皂水。
· 請將剩下的肥皂水倒入洗手台丟棄。
· 請將吸管洗乾淨後丟入資源回收分類。
· 請將玻璃杯洗淨後晾乾。
· 請將湯匙和尺擦乾淨收好。

 我的科學筆記 ·

☆ 最喜歡的實驗是哪一個？

_____

_____

☆ 為什麼會喜歡這個實驗？

_____

_____

☆ 這個實驗的原理是什麼？

_____

_____

☆ 其他心得

_____

_____

_____

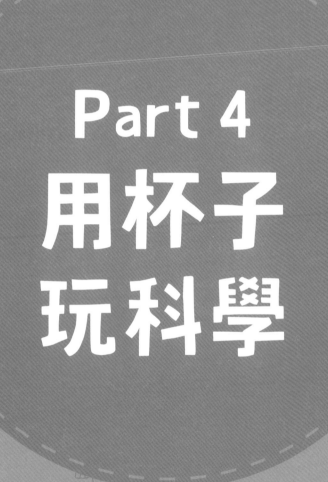

Part 4
用杯子
玩科學

20

咚咚！進洞得分！你能連續接住幾次球呢？

紙杯劍玉

利用紙杯和桌球自製日本童玩——劍玉，
一起來發現慣性的力量！

 準備材料

☐ 紙杯　☐ 竹筷　☐ 桌球

☐ 毛線　☐ 剪刀　☐ 膠帶

 **所需時間** 5分鐘

 所需人數 1人

● 相關單元：五年級下學期
〈力與運動〉單元。

 思考時間

紙杯劍玉藏有什麼科學原理？

這是和慣性相關的科學遊戲。慣性是指物體不受外力影響時，會想要
維持最初運動狀態的性質。在這個遊戲中我們先用力向外拋出桌球，
接著緊急改變方向，讓它能夠落入紙杯得分。這時，桌球會在慣性作
用下移動並進入紙杯。通常質量越大，慣性也會越大。

根據球的大小和線的長短，遊戲結果會有什麼不同？

大致來說，當球越小、線的長度越短時，準確度也會提高，較容易進
洞得分。

要讓竹筷
的末端稍微
凸出來一點。

1 準備好紙杯、竹筷、桌球、毛線、剪刀、膠帶等備用。

2 如圖,用膠帶將竹筷固定在兩個紙杯杯底中間。

3 將毛線一端黏在桌球上。

4 再將毛線另一端黏在竹筷的前端。

💡 **小叮嚀**

■ 可以試著改變桌球的種類和個數來玩玩看。

■ 改變線的長短,觀察看看有什麼不同。

5 在線拉長的情況下,用力將球向上拋,接著再讓它落到紙杯中進洞得分。

 **整理及回收**

・**請將紙杯丟入一般垃圾分類。**

21

從高空中緩緩降落～
塑膠袋降落傘

試著利用我們身邊常見的塑膠袋，
做出可以在空中緩慢飄落的降落傘。

準備材料

□塑膠袋　　□紙杯

□毛線　　　□剪刀

□膠帶

 所需時間 10分鐘

 所需人數 1人

● 相關單元：五年級下學期
〈力與運動〉單元。

 思考時間

塑膠袋降落傘藏有什麼科學原理？

這是與能量有關的科學遊戲。尤其在能量中的動能和位能兩者更是息息相關。**位能是指位於某處的物體具有的能量，動能則是指運動中的物體具有的能量。**在這個遊戲中位能和動能之間發生變換，在高處具有巨大位能的降落傘在落下的同時得到位能，因此能在空中飛翔。

要怎麼做才能讓降落傘在空中飛得更久？

使用大型塑膠袋，並讓它從更高處降落。

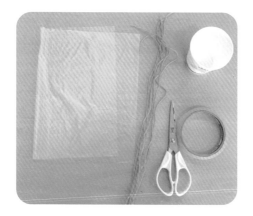

1 準備好塑膠袋、紙杯、毛線、剪刀和膠帶備用。

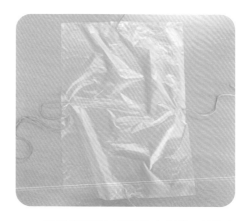

2 找出塑膠袋四個邊的中心點,並黏上毛線。

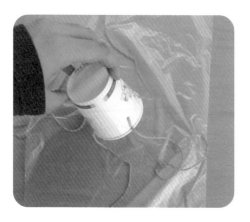

3 再將毛線另一端和紙杯黏在一起。

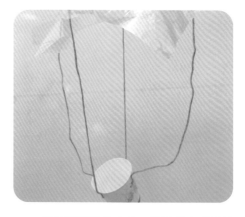

4 抓住塑膠袋的中心,盡量舉高或到較高處。

塑膠袋會完全張開慢慢降落。

5 放開降落傘,觀察它飄落的情形。

💡 **小叮嚀**

■ 可以用橡皮擦代替紙杯黏住毛線做成降落傘。

■ 使用越大的塑膠袋可以做出停留在空中越久的降落傘。

■ 從高處放開降落傘,就能讓它在空中飛舞得更久。

🗑️ **整理及回收**

· **請將毛線、膠帶、塑膠袋拆解後分別收納。**

22

叭叭!看看誰跑得比較快?

紙杯賽車

試著利用紙杯和瓶蓋,做出自己專屬的車子。
和朋友一起用紙杯車比賽吧!

準備材料

☐ 紙杯1個　☐ 瓶蓋2個

☐ 竹籤　　☐ 錐子

所需時間 5分鐘

所需人數 1人

●相關單元:五年級下學期
〈力與運動〉單元。

思考時間

紙杯賽車藏有什麼科學原理?

 遊戲中的車子是因為位能和動能發生了變換才會移動。位於高處靜止的車輛滑了下來,這是因為在位能變小、動能增加的過程中發生了能量變換,紙杯車也才得以開始運轉起來。

要怎麼做才能讓紙杯車跑得更快?

 將紙杯車的身體重量減輕;讓紙杯車從傾斜度更大的地方滑下來。

> 請在大人的協助下
> 使用錐子，
> 以避免受傷。

1 準備好1個紙杯、2個瓶蓋、竹牙籤、錐子。

2 用錐子在接近紙杯底部的地方鑽洞。

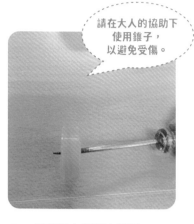

3 用錐子在瓶蓋上鑽洞。

4 將竹籤插在紙杯上。

5 在竹籤兩端插上瓶蓋。這裡可自由增減輪子的個數。

6 試著讓紙杯車從傾斜的地方滑落。

 小叮嚀

■ 要在紙杯下半部鑽洞，輪子才能碰到地面，順利運轉。

■ 輪子數量越多，車子在移動時也會更加穩定。

🗑 整理及回收

· 請將紙杯、竹籤和瓶蓋拆解後分別處理。

· 為避免受傷，請將竹籤太長的話，請先折成小段後再丟入一般垃圾分類。

23 消失的圖案

一會兒出現，一會兒又消失，是怎麼回事？

畫在重疊的杯子中的圖案出現又消失！
觀察隨著光線的反射，會帶來什麼變化。

準備材料

☐ 大小不同的塑膠杯2個

☐ 塑膠魚缸1個

☐ 油性筆　☐ 錐子　☐ 水

**所需時間** 5分鐘

所需人數 2人

●相關單元：五年級上學期
〈太陽與光線折射〉單元。

思考時間

為什麼用手指堵住外側杯子的洞口，再把杯子放進水裡，就會看不見圖案呢？

這與光線有關。把杯子倒過來放進水裡，杯子裡就會充滿之前已經在裡面的空氣，所以如果用手指住洞口，將重疊的杯子慢慢放入水中，就能感受到內側杯子的裡面與兩個杯子之間充滿了空氣。我們是透過圖畫反射的光線看到物品，當杯子間的縫隙充滿空氣時，光線就無法照到圖畫，而是在水和空氣的界線進行反射，所以就看不到圖案了。如果移開堵住洞口的手指，讓水進入杯子的縫隙，這時水和空氣的界線就會消失，光線照射到圖案後反射進入眼睛，我們才得以再次看到圖案。

實驗這樣玩

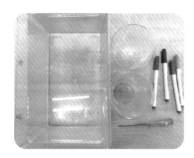

1 準備好2個塑膠杯、1個塑膠魚缸、油性筆、錐子和水備用。

2 將其中一個杯子倒過來,並用油性筆在外側畫上喜歡的圖案。

請在大人的協助下使用錐子,以避免受傷。

3 將另一個杯子倒過來,用錐子在杯底正中央處鑽出一個直徑2mm大小的洞。

4 將2個杯子疊起來,畫有圖案的杯子放在內側。

5 在塑膠魚缸中裝水至足以淹過杯子的高度。

6 將2個重疊的杯子慢慢放入水中,確認圖案變化後將杯子拿出來。

7 用手指堵住外側杯底的洞口,再次將2個重疊的杯子慢慢放入水中,觀察圖案的變化。

8 確認完變化後,稍微將手指移開,再看看圖案變化。

💡 **小叮嚀**

■ 將圖案放在正面,稍微從上方斜著看,是確認變化最好的方法。

■ 用手指堵住重疊杯子的洞口放入水中時,可以像在變魔術一樣唸出咒語秀給朋友看會更加有趣喔。

■ 將2個杯子全都畫上圖案,以相同方法玩看看會怎麼樣。

整理及回收

· 請將用過的水倒入排水孔丟棄。

· 請將塑膠魚缸和杯子洗淨後晾乾收納保管。

24 發泡葉子

放我出去！從葉片中逃脫的氧氣！

透過遊戲，
親眼確認葉片透過進行光合作用排出氧氣的現象。

 準備材料

☐ 透明杯1個

☐ 水　　☐ 葉子1片

所需時間 40分鐘

所需人數 1人

● 相關單元：五年級上學期
〈植物世界〉單元。

 思考時間

什麼是光合作用？

綠色植物會利用太陽光發出的能量來自行製造養分。綠色植物會以水和二氧化碳作為材料，接受光能時，位於葉綠體的葉綠素化合物就會製造出成長所需的有機養分和氧氣，這些過程就稱為光合作用。當光線越強，二氧化碳濃度越高時，光合作用的量也就越高。

透過光合作用製造出的養分會跑去哪裡？

透過光合作用製造出的養分會通過莖輸送到果實、莖和根等植物需要營養的部分。氧氣會透過葉片背面的小洞──氣孔排出，也就是說氣孔會吸收二氧化碳並排出因光合作而產生的氧氣。

實驗這樣玩

請使用掉落到地上的葉片，不要直接從植物上摘取。

1 準備好1個透明杯、水和1片葉子備用。

2 在杯裡裝入約2/3的水。

3 將葉片放入裝著水的杯子。

4 將裝有葉子的杯子拿到光線充足的地方放置30分鐘直到變暖。

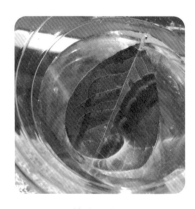

5 30分鐘後，觀察葉片表面及杯子裡的變化。

6 確認葉片背面，是否有出現很多小泡泡。

 小叮嚀

- 可以試著使用各種不同植物的葉片來進行這項遊戲並確認結果。
- 必須要將杯子放在光線充足的地方才能進行較良好的光合作用。

 整理及回收

- 請將用過的葉片放入花圃。
- 請將用過的水倒入排水孔丟棄。

25 以糖尋蹤

蠓蟻呀，快來這裡吃糖吧～

在這個遊戲中，我們會用糖水來吸引螞蟻，
並確認牠們尋找食物時的動向。

準備材料

☐砂糖　　☐水　　☐塑膠杯

☐A4紙張1張　　☐石頭4顆

☐夾鏈袋

所需時間 4小時

所需人數 1人

● 相關單元：三年級下學期
〈動物大會師〉單元。

思考時間

螞蟻具有什麼特徵？

螞蟻大致分為頭部、胸部和腹部三個部分，頭部有一對觸角。螞蟻會用氣味對話，當牠們有話想要告訴夥伴時，就會在腹部末端分泌一種名為費洛蒙的化學物質。

螞蟻是怎麼知道這裡有砂糖的？

螞蟻透過一種名為費洛蒙的化學物質來交換信號。費洛蒙有很多種類，其中在發現食物時用來標示路徑的「蹤跡費洛蒙」就是負責告訴其他螞蟻食物所在位置。螞蟻發現食物後，就會將腹部末端在地面上拖行，用費洛蒙來製造蹤跡，幫助其他螞蟻輕易找到食物的所在位置。

1 準備好砂糖、水、塑膠杯、1張A4紙張、4顆石頭和夾鏈袋備用。

2 將杯子裝入1/3的水，並加入100克砂糖攪拌至溶解。

3 用吸管沾一點糖水，在白紙上塗成一條長長的路徑。

4 在樹林裡放上沾有糖水的紙，並在糖水痕跡末端放上裝有砂糖的夾鏈袋。這時請在夾鏈袋封口處打開大約1公分的開口。

5 用4顆小石頭固定住紙張以避免被風吹走。

6 每2～3個小時就去觀察一下，若發現有螞蟻出沒，就確認一下螞蟻的動向。

小叮嚀

- 除了糖水之外也可以混入果汁等飲料，聚集螞蟻的效果會更好。
- 比較一下用糖水畫出的路徑和螞蟻尋找食物的路徑。
- 如果想要看到螞蟻移動的過程，可以嘗試錄影拍攝。

整理及回收

- 請將用過的紙張丟入資源回收分類。
- 請將用過的糖水倒入排水孔丟棄。

26

坑洞陷阱

快點神不知鬼不覺的上鉤吧！

請利用塑膠杯做出坑洞陷阱，來抓各式各樣的昆蟲！
讓昆蟲掉下去之後再也爬不出來。

 準備材料

□塑膠杯2～4個

□水果 □砂糖 □水果刀

 所需時間 4小時

所需人數 2人

●相關單元：
三年級上學期〈植物的身體〉單元、
五年級上學期〈植物世界〉

 思考時間

狩獵陷阱的種類有哪些？

狩獵陷阱是用來捕捉禽獸的工具，最具代表性的有坑洞陷阱、圈套、
魚籠、捕獸夾、捕鼠器等。

為什麼昆蟲掉入塑膠杯以後就再也爬不出來了？

遊戲中所使用的塑膠杯是個陷阱。我們在昆蟲會行經的路徑上先挖出
一個大坑洞再使用樹枝或草來掩蓋，接著在裡面放入昆蟲會喜歡的
誘餌，牠們就會為了吃誘餌而進入陷阱。當牠們吃完誘餌想要爬出來
時，就會發現爬上來的路又長又滑，這也是牠們一旦落入陷阱之後就
爬不出來的原因。

實驗這樣玩

1 準備好2～4個塑膠杯、水果、砂糖和水果刀備用。

> 切水果時請找大人幫忙，以避免受傷。

2 將水果切好後放入塑膠杯中，並撒上砂糖。

> 將杯子埋進土裡時，要讓杯子的上緣跟地面平行。

3 將杯子埋入樹林或草地中，再稍微用樹枝或草葉覆蓋一下。

4 等待3～4小時後觀察一下塑膠杯中的狀況，並確認是否抓到蟲子。

 小叮嚀

■ 遊戲結束後請務必將埋在土裡的塑膠杯回收。

整理及回收

- 請將塑膠杯丟入資源回收分類。
- 請將塑膠杯中的水果丟入廚餘分類。

Part 5
用光線
玩科學

27

一閃一閃亮晶晶～
杯麵星象儀

在房間裡與星座相約。
試著利用杯麵碗和手電筒做出星座投影。

準備材料

☐ 杯麵容器　☐ 手電筒

☐ 油性筆　☐ 錐子　☐ 剪刀

☐ 膠帶　　☐ 黑色圖畫紙

所需時間　30分鐘

所需人數　1人

● 相關單元：
五年級上學期〈太陽與光的折射〉單元、
五年級下學期〈觀測夜空〉單元。

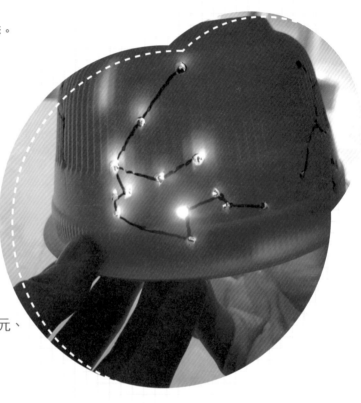

思考時間

為什麼星星會在夜空中發光？

因為星星受到太陽光的反射。

兩千年前的夜空和現在像嗎？

星星的壽命很長，因此現在和兩千年前的星座幾乎沒有任何變化。

1 準備好杯麵容器、手電筒、油性筆、錐子、剪刀、膠帶和黑色圖畫紙備用。

2 將黑紙剪出多個如圖中所示的形狀。

3 在杯麵碗內，貼上方才剪好的黑紙。

4 用油性筆在杯麵碗外畫上星座圖。

> 鑽孔時要連紙張一起，並注意孔洞不要太小或太近。

5 用錐子在星星的位置上鑽孔。

6 將泡麵容器倒蓋，並將手電筒放在內側。

7 將室內變暗並觀察星座。

 小叮嚀

■ 將室內變得越暗就能觀察到越清楚的星座。
■ 找找看和自己生日對應的星座。
■ 若使用彩色玻璃紙覆蓋手電筒前端，就能做出不同顏色的星座。

 整理及回收

· 請將用完的杯麵容器洗淨後丟入資源回收分類。

28 紙上彩虹

不同顏色的光線在穿透水時，折射的角度會不同。
遊戲中會使用鏡子、水和手電筒，試著在室內做出彩虹。

 準備材料

□盆子　□鏡子　□手電筒

□紙張　□水

 所需時間 5分鐘

 所需人數 2人

● 相關單元：五年級上學期
〈太陽與光的折射〉單元。

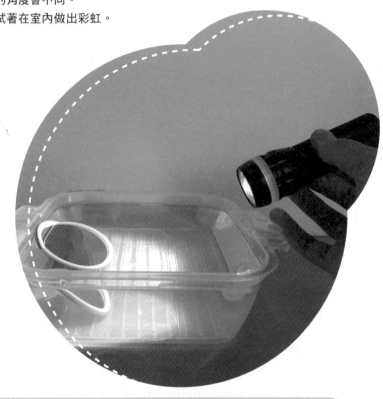

 思考時間

光線具有何種特性？

光線具有反射、曲折、穿透等特性。

進入水中的光線會變成什麼樣？

光線中混合了紅、橙、黃、綠、藍、靛、紫七種顏色，這些光線的特性各自不同，在穿透玻璃和水這一類物品時，會折向與彼此不同的方向（曲折）。從手電筒出發的白光在通過水時，會朝著各種不同方向折射，並由鏡子反射出折射的效果，最後紙上就會出現彩虹的七種顏色。

實驗這樣玩

1 準備好1個有深度的盆子、鏡子、手電筒、紙張和水備用。

> 可以用膠帶固定以避免鏡子滑下來。

2 請將鏡子斜放在盆子中。

3 在盆子裡裝水至快要淹過鏡子的高度。

4 一人用手電筒照射鏡子。

5 另一人拿著紙張，讓鏡子反射的光線可以照到紙上。

> 如果周圍太亮，彩虹就會看不清楚，請先將周圍變暗後再進行觀察。

6 白紙上出現了彩虹。

 小叮嚀

■ 如果稍微晃動一下盆子讓裡面的水晃蕩，這樣就會出現好幾道彩虹。

 整理及回收

・ 請將用完的水倒入排水孔丟棄。

29

不是白牛奶也不是黑牛奶！

藍色牛奶

已知光線中混合了好幾種顏色，
在遊戲中我們會利用光線的特性和牛奶中的成分，
讓彼此呈現出不同的色彩。

 準備材料

□玻璃杯　□水　□牛

□手電筒　□湯匙

 所需時間 3分鐘

 所需人數 1人

● 相關單元：四年級上學期
〈聲光世界〉單元。

 思考時間

光線裡藏有什麼顏色？

光線裡藏了紅、橙、黃、綠、藍、靛、紫等好顏色。當光線通過水或
玻璃時，就會呈現出好幾種色彩。

為什麼牛奶看起來會是藍色的？

光線裡藏有好幾種色彩，在通過水或玻璃時，就會呈現出各種不同的
顏色。在這項遊戲中，牛奶中的脂肪粒正是扮演著這個角色。藍光的
波長短，在與脂肪粒相撞後會出現反射，但波長較長的紅光及黃光可
以穿透牛奶，就算在另一側也可以看到。

1　準備好玻璃杯、水、牛奶、手電筒和湯匙等備用。

2　在玻璃杯中裝滿水。

如果在水中加入太多牛奶，光線會無法穿透，不易觀察。

3　加入一湯匙牛奶。

4　將牛奶和水攪拌均勻。

若將室內變得越暗，就會越容易觀察。

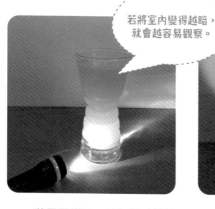

5　將周圍變暗，並打開手電筒照射杯子。

6　觀察一下，被手電筒照到的那側呈現出什麼色彩？

7　將手電筒留在原位，從對側觀察有何不同？

💡 小叮嚀

▨ 可使用塑膠袋取代玻璃杯、太陽光取代手電筒來進行遊戲。

🔋 整理及回收

・若用白醋清洗牛奶盒後晾乾就不會產生味道。

30

當不同色的光聚集一起，會變成什麼色呢？

魔法手電筒

利用紙杯和玻璃紙來做出多色的燈光。
讓室內充滿五彩繽紛的光線！

準備材料

☐ 紙杯　☐ 玻璃紙　☐ 手電筒

☐ 剪刀　☐ 錐子　☐ 膠帶

所需時間　5分鐘

所需人數　1人

● 相關單元：四年級上學期
〈聲光世界〉單元。

思考時間

為什麼燈光會變成不同顏色？

這是與光有關的科學遊戲。光的基本色，也就是所謂的三原色，正是紅色、綠色和藍色。將這三種顏色疊在一起照射時會製造出各種顏色。請試著以三種顏色的光線來混合及製造出彩色的光線，並確認光的合成。

將紅色、綠色和藍色的光線混合，會變什麼顏色？

會變成白色。

實驗這樣玩

1 準備好紙杯、玻璃紙、手電筒、剪刀、錐子和膠帶。

2 使用錐子和剪刀將紙杯的杯底去除。

3 將玻璃紙裁剪成稍微大於杯底的大小。

4 將玻璃紙貼在已經變成空洞的杯底上。

> 手電筒的燈光會隨著照射角度不同而出現不同的圓。

5 用手電筒照照看貼有紅色玻璃紙的紙杯。

6 用手電筒照照看貼有藍色玻璃紙的紙杯。

> 手電筒使用時間過長，可能會變熱，要小心手被灼傷。

7 用手電筒照照看貼有黃色玻璃紙的紙杯。

8 試著將紙杯疊起來，做出新的顏色。

 小叮嚀

■ 若重複貼上好幾層玻璃紙，色彩會更加鮮明。

■ 若在黑暗的地方進行這項遊戲，色彩會更加鮮明。

 整理及回收

· **請將紙杯丟入一般垃圾分類。**

Part 6
用飲料
玩科學

讓我們一起利用水和油脂的特性，
試著用洗碗精和水彩在牛奶上作畫吧！

準備材料

□牛奶　□寬口深盤

□水彩顏料　□洗碗精

□杯子　□棉花棒

 所需時間　10分鐘

 所需人數　1人

●相關單元：五年級下學期
〈水溶液〉單元。

思考時間

牛奶是由什麼成分組成的？

牛奶是由大約88%的水分、大約5%的乳糖、大約4%的脂肪和大約3%
的蛋白質所組成。不同的乳製品也會存在著些許差異。

若洗碗精遇上了牛奶會發生什麼事？

水和油脂無法混合，這是因為它們的構造彼此不同的緣故。但洗碗精
分子一端是親水特性，另一端是親油特性，因此可讓兩者混合。當洗
碗精遇上牛奶時，洗碗精會抓住牛奶中的脂肪（油脂成分），並黏在乳
脂肪上面被一起攪動。

1 準備好牛奶、寬口深盤、水彩顏料、洗碗精、杯子和棉花棒備用。

2 將牛奶倒入寬口深盤中。

擠顏料時請靠近液體表面，輕輕擠出，避免顏料散開。

3 將不同色的顏料，各擠一滴在盤子正中央。

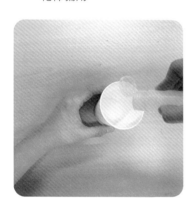

4 在杯子裡裝入一點洗碗精。

5 用棉花棒的末端沾取一點洗碗精。

稍微轉動一下棉花棒，讓上面的洗碗精能和牛奶充分接觸。

6 將沾有洗碗精的棉花棒放到水彩顏料中間，並輕輕浸泡一下。

7 水彩顏料會在一瞬間就擴散到遠處。在顏料擴散出去前，請將棉花棒一直泡在牛奶中。

8 輕輕移動牛奶表面，就可以自由作畫。

 小叮嚀

■ 依照棉花棒浸泡的時間和位置不同，圖案也會變得不同。

■ 因為用牛奶畫出的圖案難以保存，可以將作畫過程用影片或照片拍攝下來保存。

 整理及回收

· **請將用完的液體倒入排水孔丟棄。**

32 可樂噴泉

利用曼陀珠讓可樂中的二氧化碳逃出來，
做出瞬間湧出的可樂噴泉！

 準備材料

□無糖可樂　　□曼陀珠

 所需時間　3分鐘

所需人數　1人

● 相關單元：五年級上學期
〈空氣與燃燒〉單元。

 思考時間

為什麼只要在可樂中放入曼陀珠就會變成噴泉呢？

構成可樂的分子會互相牽引，這股力量就稱爲表面張力，而曼陀珠破壞
了可樂內部的表面張力。可樂內部充滿了名爲二氧化碳的氣體，當這股
彼此牽引的力量消失，二氧化碳就會開始逃脫。曼陀珠的表面存在個數
千個非常小的洞，有助於二氧化碳更輕易逃脫，讓我們能觀察到可樂泡
沫瞬間湧出的現象。

實驗這樣玩

1 準備好無糖可樂和曼陀珠備用。可樂請置於室溫,越溫暖效果越好。

可樂會噴灑至很遠的地方,請務必在廁所裡進行遊戲。

2 打開可樂瓶蓋,並將可樂放到廁所的地板。

3 準備好4顆曼陀珠,並準備放入瓶中。

只要一放入曼陀珠,就會立刻出現反應。

4 當曼陀珠全數放入後,請以最快的速度躲避。

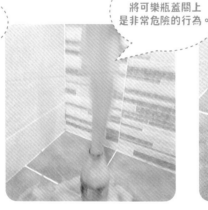

在放入曼陀珠後將可樂瓶蓋關上是非常危險的行為。

5 觀察湧出的可樂噴泉泡沫。

6 可樂噴完後,我們可以看到可樂所剩不多。

 小叮嚀

■ 可以使用一般可樂,但無糖可樂產生的泡沫較多,也比較沒那麼黏膩,在清理上較為方便。這是因為無糖可樂中添加了用來取代砂糖的阿斯巴甜,而它的表面張力更小的緣故。

■ 使用溫一點的可樂發泡效果會比使用冰涼可樂更好。

 整理及回收

· 請用水將廁所地板清洗乾淨,以避免地面有可樂造成黏膩的成分殘留。

33 染色蛋殼

打開可樂，嘶嘶嘶嘶嘶～

利用碳酸飲料和雞蛋來了解刷牙的重要性。
將雞蛋浸泡在碳酸飲料中過一陣子後，觀察雞蛋的變化。
看看不刷牙的牙齒會變成什麼樣子？

準備材料

□有顏色的碳酸飲料

□白殼雞蛋　□牙膏　□牙刷

□玻璃杯　□盤子　□夾子

 所需時間 24小時

 所需人數 1人

●相關單元：五年級下學期
〈水溶液〉單元。

思考時間

為什麼蛋殼會變成褐色的？

因為可樂中的褐色色素滲透到了蛋殼之中。

如果喝完碳酸飲料後不刷牙，牙齒會變怎樣？

蛋殼的質地和包覆我們牙齒的琺瑯質相似。如果不刷牙，可樂的褐色化合物就會滲透到琺瑯質裡，會讓牙齒變成褐色。再加上可樂是酸性飲料，所以還會腐蝕牙齒，讓牙齒變得敏感。嚴重的話，牙齒甚至只要受到一點小小衝擊就會斷裂，因此最好在喝完可樂的三十分鐘後刷牙漱口。

1　準備好有色的碳酸飲料、白殼水煮蛋、牙膏、牙刷、玻璃杯、盤子和夾子備用。

2　將白殼水煮蛋放入玻璃杯中,接下來倒入碳酸飲料直到淹過雞蛋的高度。

3　一天後,用夾子將雞蛋夾出,放到盤子上並確認顏色。

如果喝了遊戲中用剩的碳酸飲料,記得要在大約30分鐘後去刷牙漱口。

4　用牙刷沾取牙膏刷雞蛋表面,並確認其變化。

　整理及回收

· 請將遊戲中用過的碳酸飲料倒入排水孔丟棄。

· 請將蛋殼丟入一般垃圾,蛋白和蛋黃丟入廚餘分類。

· 請將玻璃杯、牙刷、盤子和刷子等洗淨晾乾後收好。

　小叮嚀

■ 若使用白殼水煮蛋來進行遊戲,就能輕易的確認顏色變化。

■ 若使用可樂等深色的碳酸飲料進行遊戲,就能輕易的確認顏色變化。

34 瞬間結冰的氣泡水

在眼前冰凍

看一看氣泡水瞬間結冰的樣子。
將氣泡水冰在冷凍庫裡一陣子再拿出來，就能看到氣泡水結冰的樣子。

 **準備材料**

☐ 冰涼的氣泡水　　☐ 冷凍庫

 所需時間 3小時

 所需人數 1人

● 相關單元：五年級上學期
〈空氣與燃燒〉單元。

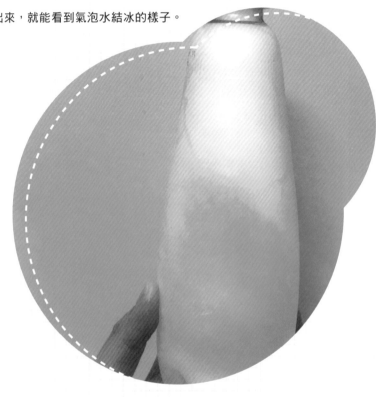

 思考時間

為什麼氣泡水放在冷凍庫冰了很久還是不會結冰？

氣泡水是含有二氧化碳的水。當水中含有二氧化碳時就會不容易結冰，因此就算把氣泡水放在冷凍庫冰了很久也不太會結冰。

為什麼將氣泡水從冷凍庫取出並打開瓶蓋後就會突然結冰呢？

如果將從冷凍庫出的氣泡水瓶蓋打開，氣泡水中的二氧化碳就會消散，水會變成容易結冰的狀態。因為水溫已經充分下降到冰點，所以只要一打開瓶蓋，氣泡水就會立刻結冰。

1 準備好冰涼的氣泡水和冷凍庫備用。

2 將氣泡水的包膜拆掉,才看得清楚瓶中的水。

> 請將寶特瓶瓶蓋確實鎖緊,以避免二氧化碳消散。

3 將裝有氣泡水的寶特瓶放到冷凍庫冰2小時。

4 2小時候將氣泡水從冷凍庫取出並確認一下狀態。

> 如果從冷凍庫取出的氣泡水瓶蓋不好開,請找大人幫忙,不要自己硬開。

5 將裝有氣泡水的寶特瓶瓶蓋打開,確認氣泡水的狀態。

💡 小叮嚀

■ 請用氣泡水之外的含糖碳酸飲料進行相同的遊戲,並確認一下變化。

■ 請用無碳酸飲料進行相同的遊戲,並確認一下變化。

整理及回收

· 用過的氣泡水可以飲用。

· 用完的寶特瓶請丟入資源回收分類。

35

又酸又甜又軟的滋味～
自製優格

拿出牛奶和乳酸菌，
利用蛋白質的凝固現象，做出酸甜美味的優格！

 準備材料

☐牛奶　　☐乳酸菌飲料

☐塑膠盒　☐木匙　　☐微波爐

 所需時間　約24小時

 所需人數　1人

● 相關單元：六年級下學期
〈熱對物質的影響〉。

 思考時間

加熱後的物質狀態會變成怎樣？

通常物質加熱後，會按照「固體→液體→氣體」的順序發生變化。製作優格時，我們會先讓加熱過的牛奶冷卻。在去除熱之後，原本呈現液體狀態的牛奶就會變成固體的優格。我們可以用眼睛確認物質狀態因熱發生的變化。

牛奶是由什麼成分組成的？

牛奶是由大約88%的水分、大約5%的乳糖、大約4%的脂肪和大約3%的蛋白質所組成。不同的乳製品也存在著些許差異。

1 準備好牛奶、乳酸菌飲料、塑膠盒、木匙和微波爐。

2 將牛奶到入塑膠盒中。

> 微波爐運轉時，請勿在附近停留。

3 將牛奶放入微波爐加熱大約4分30秒至牛奶微溫。

4 將乳酸菌飲料倒入加熱至微溫的牛奶中，並攪拌均勻。

5 蓋上盒蓋，放在微波爐中大約24小時左右。

> 也可使用塑膠湯匙來挖。

6 時間到了之後，用木匙挖取優格。

💡 小叮嚀

■ 做好的優格可以吃。

🗑 **整理及回收**

· 使用完微波爐之後，請將電源關閉並拔掉插頭。

· 將牛奶盒或牛奶瓶清洗乾淨，拿去資源回收分類。

36

咕嚕咕嚕……難道是火山爆發？

沸騰的碳酸飲料

在遊戲中我們會利用噴霧器將水噴入碳酸飲料，
利用二氧化碳和水讓碳酸飲料滾滾冒泡。

準備材料

☐碳酸飲料（可樂、汽水等）

☐透明杯　☐噴霧器　☐水

所需時間　5分鐘

所需人數　1人

● 相關單元：
四年級下學期〈認識物質〉單元、
五年級下學期〈水溶液〉單元。

思考時間

二氧化碳具有什麼特徵？

二氧化碳是一種沒有任何顏色和味道的氣體，我們呼吸的空氣中也有它的存在。同時它也是植物進行光合作用時不可或缺的氣體之一。

為什麼碳酸飲料會滾滾冒泡？

因為碳酸飲料中含有二氧化碳，所以喝起來會有點刺激感。如果對著碳酸飲料噴水，空氣就會進入飲料中製造出氣泡，原本溶於碳酸飲料中的二氧化碳就會跑進氣泡中，讓氣泡變大。擴大的氣泡浮到水面上，發出聲音並爆炸，看起來像是碳酸飲料沸騰的樣子。

1 準備好碳酸飲料、玻璃杯、噴霧器和水備用。

2 將水裝入噴霧器中。

3 將碳酸飲料倒入玻璃杯至2/3處。

> 先等碳酸飲料的氣泡消失後再做實驗,會較方便觀察。

4 靜待碳酸飲料的氣泡消失。

> 實驗用的碳酸飲料請直接丟棄,不要飲用。

5 用噴霧器在可樂上方噴水後,觀察液體表面的變化。

💡 小叮嚀

■ 等到碳酸飲料的氣泡全部消失後就可以噴水了。

■ 請用沒氣的碳酸飲料實驗看看。

■ 請使用不同的碳酸飲料來實驗看看。

整理及回收

· 用過的碳酸飲料和水請直接倒入洗手台或馬桶丟棄,不要飲用。

· 請將噴霧器和玻璃杯洗淨晾乾後收好。

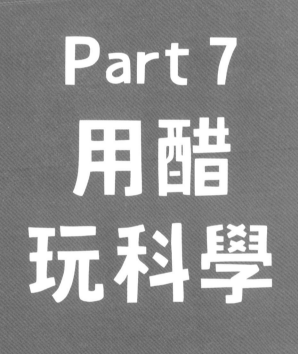

Part 7
用醋
玩科學

37

跳呀跳，不是兔子，而是蛋喔！

雞蛋彈力球

你知道醋可以溶解蛋殼嗎？
將雞蛋泡入醋中過一段時間，觀察其變化並製作成彈力球。

  **準備材料**

□雞蛋　　□醋

□密封容器　　□水

 所需時間 5天

 所需人數 1人

●相關單元：五年級下學期
〈水溶液〉單元。

 思考時間

若將雞蛋泡入醋中，會發生什麼事情？

若將雞蛋泡入醋中，蛋殼的碳酸鈣就會被醋中的乙酸溶解，蛋殼會慢慢消失，最後只剩下那層半透明又緊緻的薄膜。

那些一點一點冒出的氣泡是什麼氣體？

在蛋殼消失的過程中會產生氣泡，這些氣泡是乙酸遇到碳酸鈣時會產生的二氧化碳。

1 準備好雞蛋、醋和密封容器備用。

2 將雞蛋放入密封容器中。

> 醋的味道很重，所以一定要蓋上蓋子。

3 將醋倒入容器中至淹過雞蛋為止，蓋上蓋子。

4 每天觀察雞蛋的變化，並記錄下來。

5 第五天將雞蛋取出，放在流水下輕輕沖洗，小心將剩餘的蛋殼剝除。

> 雖然泡過醋的蛋具有彈性，但從高處摔落還是很容易破掉，因此請在桌上輕輕滾動或彈跳就好。

6 輕輕放在地板上彈跳看看。

小叮嚀

■ 用光線照射就能看到蛋黃。

■ 只要用尖銳的物品輕輕刺一下雞蛋，就能看到生雞蛋的蛋液流出的現象。

整理及回收

· 裝醋的容器中沾有蛋殼融化之後所產生的物質，請用菜瓜布輕輕刷洗乾淨。

38 綠色硬幣

利用銅、鹽、醋和氧氣產生的化學反應，
製作並觀察硬幣變成綠色的過程。

 準備材料

☐ 1元硬幣5枚

☐ 深盤　☐ 醋　☐ 衛生紙

☐ 塑膠湯匙（布丁匙）

 所需時間 1週

 **所需人數** 1人

● 相關單元：五年級下學期
〈水溶液〉單元。

 思考時間

乾淨的硬幣為什麼會被綠色的物質覆蓋呢？

這和酸與鹼有關。1元硬幣中含有銅的成分，銅若長時間放置在潮溼的
地方，就會產生鹼性的碳酸銅，特徵就是表面會被一層銅綠覆蓋。硬
幣之所以會變成綠色，就是因為銅、和空氣中的氧氣起了化學反應而
產生銅綠。

覆蓋著硬幣的那層綠色物質是什麼？

那是銅綠（又稱銅鏽）。

實驗這樣玩

1 準備好5枚1元硬幣、深盤、醋、衛生紙和塑膠湯匙備用。

吞食硬幣的行為非常危險，有可能會堵住氣管，請隨時注意安全。

2 將5枚硬幣平鋪在深盤上。

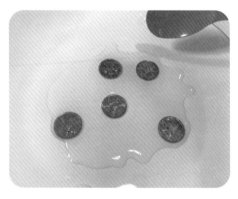

3 使用塑膠湯匙將醋淋到硬幣上。如果盤子裡的醋乾掉了，就再次將醋淋到硬幣上。

4 一週之後請確認看看硬幣的變化。

 小叮嚀

■ 除了銅製硬幣外，也可試著用鐵製螺絲或各種材質來進行這項遊戲。

 **整理及回收**

· 衛生紙就能輕易將硬幣上的銅綠擦乾淨，請將遊戲中使用的硬幣洗淨後再行使用。

· 請將用過的盤子洗淨晾乾，並將醋倒入排水孔丟棄。

39 清洗硬幣

快翻出錢包或存錢筒裡髒髒舊舊的硬幣吧！

使用醋和鹽將硬幣上的銅綠清洗乾淨。
將髒兮兮的舊硬幣變成閃閃發亮的新硬幣！

 準備材料

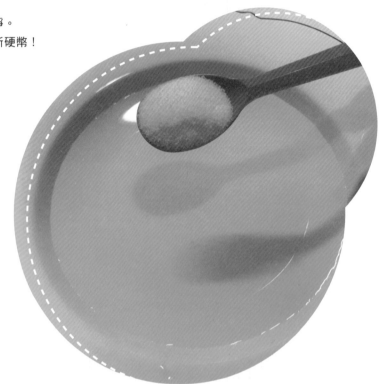

☐ 生鏽的1元硬幣5枚

☐ 深盤　☐ 醋　☐ 鹽　☐ 水

☐ 衛生紙　　☐ 量杯

☐ 塑膠湯匙（布丁匙）

 所需時間 30分鐘

 所需人數 1人

● 相關單元：五年級下學期
〈水溶液〉單元。

 思考時間

為什麼生鏽的硬幣會變乾淨？

1元硬幣之所以會生鏽是因為硬幣中含有的銅在與空氣中的氧氣長時間接觸後就會變色。只要在以醋和鹽調和的混合物中加入變色的銅製硬幣，醋中含有的酸會出現將銅離子溶解的化學反應，當硬幣上的銅鏽溶掉之後就會變乾淨了。

除了醋和鹽之外，我們還能使用那些材料呢？

檸檬、碳酸飲料(汽水、可樂)、泡菜、乳酸飲料等酸性物質。

實驗這樣玩

1 準備好5枚生鏽的1元硬幣、1個深盤、醋、鹽、衛生紙、塑膠湯匙和量杯等。

2 將150ml的醋倒入深盤中。

3 使用塑膠湯匙挖2小匙的鹽加入醋中，並攪拌至鹽完全溶解。

> 吞食硬幣的行為非常危險，可能會堵住氣管，請注意安全。

4 將硬幣放入以醋和鹽調和的混合物中。

5 觀察看看放入醋鹽混合物中的硬幣會發生什麼變化。

6 30分鐘後用清水將硬幣洗淨，並使用衛生紙擦乾，確認硬幣的變化。

小叮嚀

- 除了醋和鹽之外，也可以試著使用番茄醬、糖水等各種不同的調味料來進行這項遊戲。
- 可以準備多枚骯髒程度與生鏽程度不同的1元硬幣來進行這項遊戲，看看硬幣到底能變得多乾淨。
- 試試看在不加入鹽，光靠醋的情況之下是否也能讓硬幣變乾淨。

整理及回收

- 用完的硬幣請晾乾後再行使用。
- 用完的醋鹽混合物請倒入排水孔丟棄。

將雞骨頭泡入醋中過一段時間後，
確認骨頭是否變軟並很容易彎曲。

準備材料

☐ 未煮過的雞骨頭

☐ 醋　☐ 碗

 所需時間　4天

所需人數　1人

●相關單元：五年級下學期
〈水溶液〉單元。

 思考時間

若將未煮過的雞骨頭泡入醋中，會發生什麼變化？

將含有碳酸鈣的物質放入醋等酸性溶液中溶解時就會產生氣泡（泡沫），同時也會變得柔軟。長時間浸泡在醋中的雞骨頭會變得柔軟並容易彎曲。

為什麼未煮過的雞骨頭很容易就被折彎呢？

這和酸與鹼有關。骨頭中含有讓骨骼維持堅硬的碳酸鈣成分，而醋則是具有強酸的物質。這時，酸性的醋可以分解碳酸鈣，所以雞骨頭也變得輕易就能折彎。

1 準備好雞骨頭、醋和杯子備用。

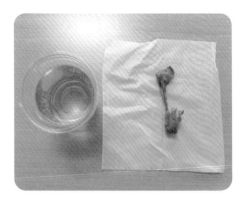

2 將醋倒入杯中。

3 先試著彎曲雞骨頭,確認一下骨頭硬度。

4 將雞骨頭泡入醋中。

> 摸完醋之後一定要洗手喔!

5 第四天將雞骨頭取出,再試著彎曲雞骨頭並確認其變化。

💡 小叮嚀

■ 試著用醋以外的酸性物質來進行遊戲。
■ 也可以試著用含有碳酸鈣的生雞蛋來進行遊戲。

🔲 整理及回收

・ **請將用完的雞骨頭丟入一般垃圾分類。**
・ **請將用完的醋倒入排水孔丟棄。**

41 製造二氧化碳

利用小蘇打粉和醋的化學反應，
在遊戲中觀察製造出二氧化碳的過程。

 準備材料

☐小蘇打粉　　☐醋　　☐密封袋

☐面紙　　☐湯匙　　☐50ml量杯

☐300ml以上的玻璃杯

 所需時間 5分鐘

 所需人數 1人

● 相關單元：五年級上學期
〈空氣與燃燒〉單元。

 思考時間

若將醋和小蘇打粉混在一起會怎麼樣？

當小蘇打粉和醋中的酸相遇時，就會引起化學反應變成新的分子。小蘇打粉和酸反應之後就會產生水和二氧化碳。

為什麼密封袋會爆開？

密封袋中充滿了因化學作用而產生的水和二氧化碳。當密封袋再也無法承受時就會爆開。

實驗這樣玩

1 準備好小蘇打粉、醋、密封袋、面紙、湯匙、50ml量杯和玻璃杯備用。

2 將一張面紙鋪在桌面上。

3 在面紙正中央放上2湯匙的小蘇打粉。

4 將面紙對折兩次，再輕輕扭轉一下末端固定。

5 將200ml的醋和100ml的水倒入玻璃杯中並攪拌均勻，做成醋水。

遊戲過程中請小心不要傷到臉或眼睛。

6 將醋水倒入密封袋。

💡 **小叮嚀**

■ 請試著使用不同分量的小蘇打粉和醋來進行這項遊戲。

7 前往一塊空地，將包著小蘇打粉的面紙放入密封袋後，將袋口確實密封。

密封袋有可能會爆開，因此請離它遠一點。

8 快速搖晃密封袋5下，放到遠處地面後，觀察密封袋的變化。

整理及回收

· 請將用完的密封袋和面紙丟入一般垃圾分類。

· 請將密封袋內的醋和小蘇打粉倒入排水口丟棄。

Part 8
用各種材料玩科學

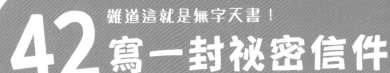

難道這就是無字天書！

42 寫一封祕密信件

請試著用檸檬汁寫下隱形的字，
將這封魔法信件送給好朋友傳遞心意。

準備材料

☐檸檬　☐盤子　☐水果刀

☐碗　　☐湯匙　☐棉花棒

☐白紙　☐吹風機

⏱ **所需時間** 5分鐘

😊 **所需人數** 1人

●相關單元：五年級下學期
〈水溶液〉單元。

思考時間

為什麼只要用吹風機將白紙吹熱，原本透明的文字就會出現呢？

這和酸與鹼有關。檸檬汁裡含有帶著酸味的「檸檬酸」，而大部分的紙張都含有C（碳）、H（氫）和O（氧）的成分。只要將檸檬汁沾在紙上加熱後，紙中含有的氫和氧會和高濃度的酸相遇，產生脫水作用後消失，這麼一來，紙中就只剩下碳的成分，沾有檸檬汁的部分也會變成咖啡色。因此，用吹風機將沾有檸檬汁的紙張加熱後，沾有檸檬汁的部分就會變成咖啡色的文字。

1 準備好檸檬、盤子、碗、湯匙、棉花棒、白紙和吹風機備用。

> 使用水果刀時，請找大人幫忙，以避免受傷。

2 將檸檬放在盤子裡並切成兩半。

小叮嚀

▨ 如果沒有吹風機，也可以將紙張放到採光良好的窗台上。

> 手小心不要受傷了

3 將碗放到檸檬下方，用湯匙用力擠壓檸檬榨出汁來。

4 將棉花棒放入檸檬汁沾溼。

5 用棉花棒在白紙寫上祕密留言後將紙晾乾。

6 紙張乾燥後，使用吹風機將紙張正面吹熱。

7 確認紙上出現的文字。

整理及回收

· 請將用過的檸檬汁倒入排水孔丟棄。

· 將練習用的紙張丟入資源回收分類。

43 雞蛋不倒翁

就算再怎麼搖搖晃晃，也不會跌倒！

就算把站在水面上的雞蛋不倒翁推倒，
它也會立刻站起來，一起來試試看能否成功吧！

 準備材料

☐ 雞蛋　　☐ 米　☐ 筷子

☐ 麥克筆　☐ 洗手台

 所需時間 5分鐘

 所需人數 1人

● 相關單元：四年級下學期
〈認識物質〉單元。

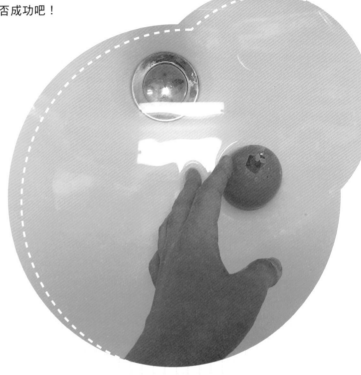

 思考時間

為什麼就算雞蛋搖搖晃晃，還是能馬上就站起來呢？

因為要保持水平。水平指的是沒有任何傾斜的狀態。就算將靜立在水
面上的雞蛋推來推去還是能馬上站起來，是因為它的重心位於下方，
能夠輕易保持水平的緣故。

如果在雞蛋中裝入更多米會怎麼樣？

會更容易抓住水平。但如果裝入過多的米（超過一半），可能就會難以
發揮不倒翁的作用。

1 準備好雞蛋、米、筷子、麥克筆和洗手台備用。

2 用筷子將雞蛋頂端戳一個小洞，並將裡面的內容物清空。

3 將米裝入雞蛋中，至大約3/5的高度。

請用麥克筆在雞蛋表面畫上臉部表情或圖案。

4 用膠帶將洞口封住。

冬天用冷水可能會太冰，可用微溫的水來進行遊戲。

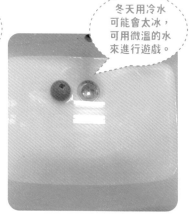

5 在洗手台裡裝一點水，並讓雞蛋浮在上面。

6 請試著將雞蛋向左右兩側推。

 小叮嚀

■ 除了米之外，還可以在雞蛋中裝入泥土、橡皮擦塊等物品。

 整理及回收

· **請將蛋殼丟入一般垃圾分類。**

44 點心建築模型

試著使用義大利麵做為樑柱、棉花糖做為黏著劑，
來蓋出自己專屬的帥氣建築模型。

 準備材料

☐ **義大利麵** ☐ **棉花糖**

 **所需時間** 15分鐘

 **所需人數** 1人或多人皆可

● 相關單元：四年級下學期
〈認識物質〉單元。

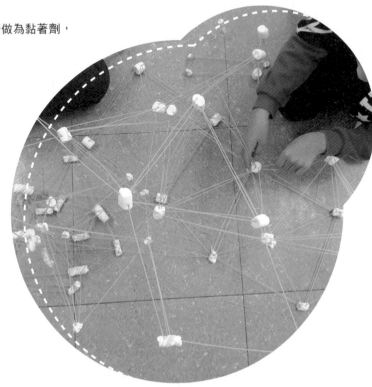

 思考時間

義大利麵和棉花糖在實際的建築物中扮演了什麼角色？

 義大利麵扮演了樑柱，棉花棒則是黏著劑。

要怎麼樣才能蓋出牢固的建築模型呢？

 底部蓋得牢固一點或用兩根義大利麵疊在一起蓋都可以。要使用義大利麵和棉花糖將建築模型蓋得越高，就越要先抓好平衡，以避免力量偏向單側或倒塌。只有控制好平衡並使力量穩定分散，才能蓋出牢固的高塔。

1 準備好義大利麵條和棉花糖備用。

小叮嚀

■ 將兩根義大利麵疊在一起使用,就有更加牢固的模型。
■ 將棉花糖黏在一起或撕成小塊使用。
■ 可以自行調整義大利麵的長度。
■ 可多人一起分工合作,打造更厲害的建築。

整理及回收

· **請將用完的義大利麵剪成小段並丟入一般垃圾分類。**

太用力可能會造成義大利麵斷掉。

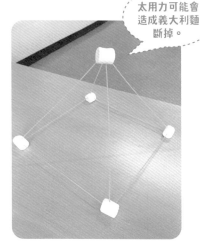

2 將義大利麵插到棉花糖上,抓出建築模型的基礎結構。請記得下面越寬,越上面要越窄的結構較好。

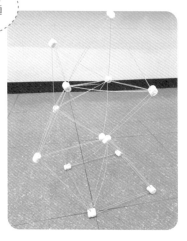

3 若將兩根義大利麵疊在一起製作將會更加牢固。

4 繼續加高建築模型。

5 建造出各種不同形狀的建築模型。

45 脫水馬鈴薯

該怎麼讓馬鈴薯大汗淋漓呢？

分別在煮熟和沒煮過的馬鈴薯表面上撒鹽，
體驗一下因濃度差異而排出水分的滲透現象。

 準備材料

☐刀　　☐馬鈴薯2顆　　☐盤子2個

☐湯匙　　☐鹽　　☐蒸盤

☐瓦斯爐　　☐水

 所需時間　3小時

 所需人數　1人

● 相關單元：三年級上學期
〈植物的身體〉單元。

 思考時間

為什麼只有沒煮過的生馬鈴薯表面會生水？

煮過的馬鈴薯因受過高溫加熱，所有的細胞都死掉了。反之，沒煮過的生馬鈴薯的細胞還活著，才能進行細胞滲透現象，因此濃度低的馬鈴薯內部水分才會移動至濃度高的地方。

這項科學遊戲運用了什麼原理？

這項遊戲運用了滲透現象。滲透現象是指使用半透膜封住兩種濃度不同的液體時，溶媒會從溶質濃度低的一方移動至濃度高那方的現象。滲透現象會一直持續到兩方濃度相同為止。

實驗這樣玩

1 準備好刀、2顆馬鈴薯、2個盤子、湯匙、鹽、蒸盤、瓦斯爐和水備用。

> 在蒸煮馬鈴薯時可能會用到火，請向大人尋求幫助以避免受傷。

2 將其中1顆馬鈴薯放到蒸盤中蒸熟。

3 將1顆沒煮過的生馬鈴薯和1顆蒸熟的馬鈴薯各自放到2個盤子上。

> 請找大人幫忙，避免被刀割傷。

4 將兩顆馬鈴薯都剖半後，分別各將半顆生馬鈴薯和蒸熟的馬鈴薯切面朝上放到盤子上。

5 使用湯匙將馬鈴薯中間挖出一個圓洞。

6 用湯匙在挖好的洞裡各放入1湯匙的鹽。

7 大約2小時之後，觀察一下馬鈴薯和鹽的變化。

8 蒸熟的馬鈴薯本體和鹽全部都沒有任何變化。

9 可以看到沒煮過的生馬鈴薯洞口出水，鹽也被溶解了！

💡 **小叮嚀**

- 請試著改變不同的鹽量來進行遊戲。
- 可以試著使用馬鈴薯之外的其他蔬菜來進行這項遊戲，並觀察結果。

 **整理及回收**

- 用過的馬鈴薯可以食用。
- 請將用過的蒸盤、盤子和湯匙洗淨晾乾後收好。

大雨中，美麗的花朵綻放了～

46 彩繪雨傘

用指甲油來替透明塑膠傘畫上可愛的圖案，
製作屬於自己的雨天之花。

 準備材料

☐ 透明塑膠雨傘

☐ 指甲油

⏱ **所需時間** 30分鐘

😊 **所需人數** 1人

● 相關單元：三年級下學期
〈千變萬化的水〉單元。

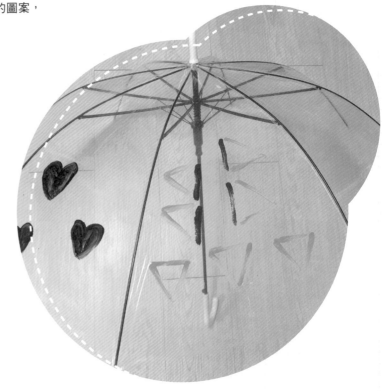

 思考時間

使用指甲油在透明塑膠雨傘上作畫時，要怎麼樣才能避免暈開呢？

必須放在陰涼處等待充分的時間晾乾即可。

如果使用油性麥克筆在透明塑膠傘上作畫會怎麼樣？

也可以創作出自己專屬的漂亮雨傘。但不能使用水性麥克筆，因為水性麥克筆只要一碰到水就會被擦掉。

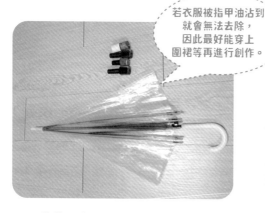

若衣服被指甲油沾到
就會無法去除，
因此最好能穿上
圍裙等再進行創作。

1 準備好透明雨傘和指甲油備用。

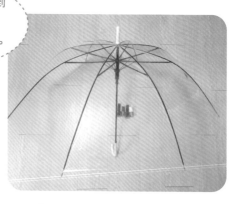

2 將透明塑膠雨傘撐開，準備使用指甲油作畫。

3 使用指甲油在雨傘的內側或外側畫上喜歡的圖樣。

由於指甲油的味道
刺鼻，因此請勿長
時間進行作業。

4 因指甲油的氣味較刺鼻，最好能打開窗戶進行。

5 將用指甲油裝飾好的雨傘撐開晾乾後，等到雨天就可以帶出門使用了。

 小叮嚀

■ 創作時可對著畫好的圖案吹氣或搧風，讓指甲油能更快風乾。

 整理及回收

· 請將指甲油的瓶蓋關緊收納。
· 請用綁帶將透明雨傘綁好收納。

47 地球與月亮

轉了又轉～繞了又繞～

透過旋轉底片盒，
呈現出月亮圍繞著地球轉動的模樣。

**準備材料**

☐黑色底片盒2個　　☐膠帶

☐圓點標籤貼紙（藍色、綠色
　和黃色）

所需時間　15分鐘

所需人數　1人

●相關單元：四年級上學期
〈月亮〉單元。

思考時間

為什麼月亮在夜空中會發亮？

因為受到了太陽光的反射，所以才會在夜空中發亮。

月球具有何種特徵？

月亮總是繞著地球旋轉，直徑大約是地球的1/4左右，和地球一樣都是
球狀。但由於月球上不存在大氣層，所以不會下雨，也不會颱風，被
偶爾飛來的隕石撞擊所產生的坑洞也不會消失，所以月球表面總是呈
現出凹凸不平的模樣。月球上那些看起來像是汙點的地方，只是因為
那些地方的岩石色澤較暗一點而已。而這些暗色的部分又被我們稱之
為「月海」。

1 準備好2個黑色底片盒、膠帶和圓點標籤貼紙（藍色、綠色和黃色）備用。

2 將2個黑色底片盒的底部相對，並用膠帶固定。

3 在中間輪流貼上藍色和綠色貼紙。藍色代表地球的海洋，綠色則是代表陸地。

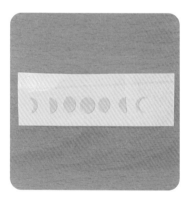

4 將黃色貼紙剪成各種月亮（新月、半月和滿月等）的形狀。

5 在底片盒的一端以固定間隔貼上月亮造型貼紙。

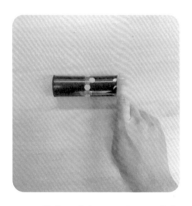

6 將底片盒放在地上，用食指將黏貼月亮的部分朝著身體用力滾動。

若是將底片盒滾離身邊，就會看不見月亮。

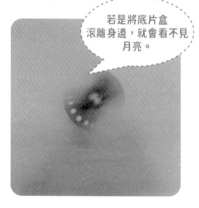

7 底片盒旋轉時會呈現出月亮繞行地球的模樣。

💡 小叮嚀

■ 在滾動底片盒時可能會彈到遠方，所以最好能在寬敞的平面上進行。

■ 必須從上方觀看底片盒，才能清楚的看到地球和月亮。

 整理及回收

· **請將底片盒的膠帶拆除後丟入資源回收分類。**

48 橡皮筋吉他

用自己做的樂器，彈奏一首自創曲！

在四方形的盒子上挖洞並套上橡皮筋，
做出吉他來演奏一下。

準備材料

□ 小紙盒　　□ 橡皮筋

□ 剪刀　　　□ 彩色鉛筆

 所需時間　10分鐘

所需人數　1人

● 相關單元：五年級上學期
〈聲音與樂器〉單元。

 思考時間

橡皮筋吉他藏有什麼科學原理？

在能量之中，特別是聲音能和彈性能有著緊密的關聯。聲音能指的是聲音所擁有的能量，彈性能指的則是物體受力時想要恢復原狀的力量。在這項遊戲中，聲音能和彈性能之間發生轉換，因此得以演奏。在我們對橡皮筋施力後，想要恢復原狀的橡皮筋，會將彈性力轉換成聲音。

要怎麼做才能讓吉他發出各種不同的聲音？

增加橡皮筋的數量。

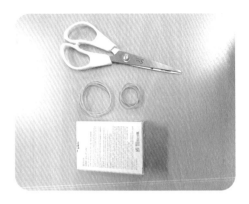

1 準備好小紙盒、橡皮筋、彩色鉛筆和剪刀備用。

2 在盒子中間挖出一個大洞。挖洞時可使用剪刀、鉛筆等尖銳的物體。

套上橡皮筋時,較軟的盒子可能會彎曲,請使用硬一點的盒子進行遊戲。

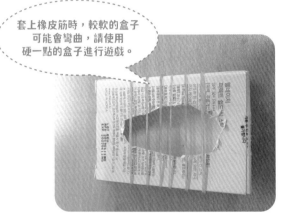

3 將橡皮筋套在盒子上。

4 用彩色鉛筆裝飾吉他的琴身和琴頸。

5 撥動橡皮筋弦來演奏吉他。

小叮嚀

■ 利用身邊容易取得的餅乾盒,也能輕鬆的做出樂器。
■ 可根據橡皮筋數量來調整音數。

 整理及回收

· **請將紙屑丟入一般垃圾分類。**

49 點亮燈泡

試著製造各種電路來點亮燈泡，
並了解串聯和並聯電路。

準備材料

☐ 鱷魚夾電纜線4條

☐ 1.5V電池2顆 ☐ 電池座

☐ 燈泡座 ☐ 迷你燈泡2顆

 所需時間 5分鐘

 所需人數 1人

● 相關單元：四年級下學期
〈電路與能源〉單元。

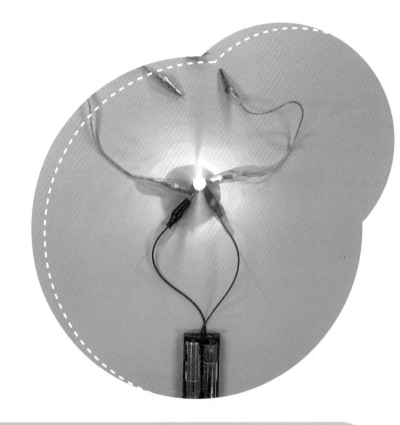

 ### 思考時間

為什麼當燈泡和電池連接時會發光？

電池是指在電極之間產生電能的裝置。電池凸起的部分是正極，凹陷的部分是負極。電會從正極流向負極是因為來自電池的電能會從正極出發，流向負極並回到原點，完成電路的緣故。

串聯和並聯的電路有什麼差別？

串聯因為電池的電能是接在同一條電路上，所以燈泡會比較亮。但如果拿掉一顆燈泡，電路就會中斷，所有燈泡也會因此熄滅。並聯因為電池的電能被分流了，所以燈泡亮度會比串聯還要暗一些，不過即使拿掉一顆燈泡，其他的燈泡還是會亮著。

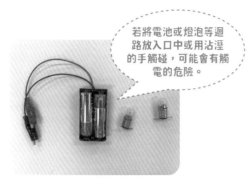

若將電池或燈泡等迴路放入口中或用沾溼的手觸碰，可能會有觸電的危險。

1 準備好4條鱷魚夾電纜線、2顆1.5V電池、電池座、燈泡座和2顆迷你燈泡備用。

2 將電池放入電池座，並將迷你燈泡裝在燈泡座上。

3 串聯：使用鱷魚夾電纜線將電池和1顆迷你燈泡連接成照片中的樣子。

4 使用鱷魚夾電纜線將電池和2顆迷你燈泡連接成照片中的樣子。

5 拿掉一顆迷你燈泡，看看出現什麼變化。

6 並聯：使用鱷魚夾電纜線將電池和迷你燈泡連接成照片中的樣子。

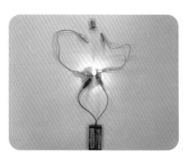

7 一樣拿掉一顆迷你燈泡，看看會出現什麼變化。

💡 小叮嚀

■ 在日常生活中找找看通電的地方。
■ 找找看串聯和並聯各用在什麼地方。
■ 觀察兩顆燈泡的情況下，串聯和並聯，哪種方式的燈泡比較亮？

🔋 整理及回收

· 請將用過的燈泡、電池、電池座、燈泡座、電線全部拆解後，收納於安全的地方。

50 尋找會通電的物體

請試著使用電路尋找會通電的物體。
先做出串聯的電路後，
在迴路之間放入物體並確認是否可以通電。

 準備材料

□鱷魚夾電纜線3條　□9V電池

□電池座　□燈泡座

□迷你燈泡1顆　□各種物體

所需時間 5分鐘

所需人數 2人

●相關單元：四年級下學期
〈電路與能源〉單元。

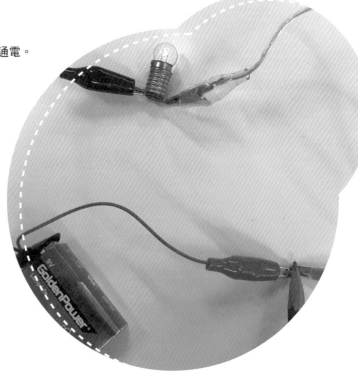

 思考時間

為什麼在電路之間放入物體時，燈泡會根據不同的物有而發光或熄滅呢？

因為根據物體的不同，分為會通電和不會通電的物體。

為什麼把會通電的物體放到電路中間，燈泡就會亮？

如果有可以讓電池電能從正極出發並回到負極的通路，電能就會流動。鱷魚夾電纜線的內部含有可以通電的金屬線，所以是可以讓電流動的通道。就算不使用鱷魚夾電纜線，只要將可以通電的物質放到電路中間，電路就自然完成了，因此燈泡就會亮起。

🧪 實驗這樣玩

1 準備好3條鱷魚夾電纜線、9V電池、電池座、燈泡座、1顆迷你燈泡和各種物體備用。

> 若將電池或燈泡等迴路放入口中或用沾溼的手觸碰，可能會有觸電的危險。

2 將電池裝入電池座，並將迷你燈泡裝在燈泡座上。

> 要讓兩側鱷魚夾的金屬部分完全觸碰到物體。

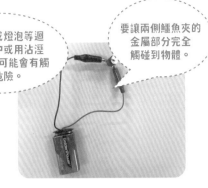

3 使用鱷魚夾電纜線將電池和1顆迷你燈泡連接成照片中的樣子，並確認燈泡是否會發亮。

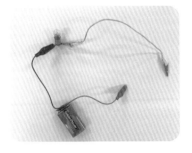

4 將一側的鱷魚夾鬆開，並如照片中所示，再加上另一條鱷魚夾電纜線連接燈泡。

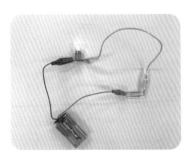

5 在鬆開的兩條電纜線之間連接好奇是否會通電的物體。

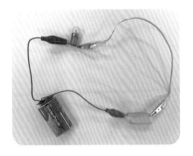

6 確認一下在連接什麼物體時會通電，讓燈泡發亮。

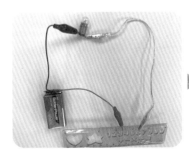　▶　

7 試著連接各種不同的物體，確認是否能讓燈泡發亮。

💡 小叮嚀

- 確認是什麼樣的物體能夠通電，並找出其共通點。
- 試試看人體是否能夠通電。
- 將幾個會通電的物體疊起來連接電路，看看這樣是否能夠通電。

整理及回收

- 請將用過的燈泡、電池、電池座、燈泡座、電線全部拆解後，收納於安全的地方。

單位角色圖鑑：

什麼都想拿來量量看！
78 種單位詞化身可愛人物，
從日常生活中認識單位，
知識大躍進！

★給好奇孩子的「超入門單位圖鑑書」★

元素角色圖鑑：

認識化學的基本元素，
活躍於宇宙、地球、人體的重要角色！

★讓孩子學習更加融會貫通的「超可愛元素圖鑑百科」

氣象角色圖鑑：

理解天氣變化的祕密，
深入淺出解答不可不知的
「天氣為什麼」！

居住在地球的我們一定要知道！

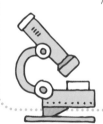

科學小偵探 1：神祕島的謎團

科學知識 ✕ 邏輯推理 ✕ 迷宮逃脫 ✕ 燒腦謎語

三位科學小偵探即將前往神祕島，迎接未知挑戰，
一場緊湊刺激的腦力大激盪即將展開！

科學小偵探 2：勇闖科學樂園

＼科普知識滿點！讓孩子一讀再讀的新奇科學橋
梁書 第二彈！／

科學小偵探再度出擊！

密室逃脫不稀奇，逃出科學樂園才是大挑戰！

小學生最實用的生物事典：

動物魔法學校＋生物演化故事

（隨書附防水書套）

＼讓孩子輕鬆愛上理科的「圖像式趣味科普套書」／

106 種動物驚奇演化史＋幽默對話＋知識學習

科學館 002

科學館

全家一起玩科學實驗遊戲 02：
50 個不花錢的兒童科學遊戲提案
유튜브보다 더 재미있는 과학 시리즈 02：어린이 과학 놀이터

作　　　者	韓知慧 (한지혜)、孔先明 (공선명)、趙昇珍 (조승진)、柳潤煥(류윤환)
譯　　　者	賴毓棻
責 任 編 輯	鄒人郁
封 面 設 計	黃淑雅
內 頁 排 版	陳姿廷

出 版 發 行	采實文化事業股份有限公司
童 書 行 銷	張惠屏・侯宜廷・林佩琪
業 務 發 行	張世明・林踏欣・林坤蓉・王貞玉
國 際 版 權	鄒欣穎・施維真・王盈潔
印 務 採 購	曾玉霞・謝素琴
會 計 行 政	李韶婉・許俽瑀・張婕莛
法 律 顧 問	第一國際法律事務所　余淑杏律師
電 子 信 箱	acme@acmebook.com.tw
采 實 官 網	www.acmebook.com.tw
采實文化粉絲團	www.facebook.com/acmebook
采實童書粉絲團	www.facebook.com/acmestory

I S B N	978-626-349-134-2
定　　價	340元
初 版 一 刷	2023年2月
劃 撥 帳 號	50148859
劃 撥 戶 名	采實文化事業股份有限公司
	104 台北市中山區南京東路二段95號9樓
	電話：02-2511-9798　傳真：02-2571-3298

線上讀者回函

立即掃描 QR Code 或輸入下方網址，連結采
實文化線上讀者回函，未來會不定期寄送書
訊、活動消息，並有機會免費參加抽獎活動。
https://bit.ly/37oKZEa

어린이 과학 놀이터
國家圖書館出版品預行編目資料

全家一起玩科學實驗遊戲 . 2：50 個不花錢的兒
童科學遊戲提案 / 韓知慧, 孔先明, 趙昇珍, 柳潤
煥作；賴毓棻譯 . -- 初版 . -- 臺北市：采實文化事
業股份有限公司, 2023.02
　面；　公分 . -- (科學館系列；002)

譯自：유튜브보다 더 재미있는 과학 시리즈 . 2：
어린이 과학 놀이터
ISBN 978-626-349-134-2(平裝)

1.CST: 科學實驗 2.CST: 通俗作品
303.4　　　　　　　　　　　　111020271

采實出版集團
ACME PUBLISHING GROUP